国家中等职业教育改革发展示范学校
重点专业教材建设

编审委员会

主　　任：王黎明

委　　员：（按姓氏笔画排序）

<table>
<tr><td>王建平</td><td>孔令慧</td><td>师文辉</td><td>朱学伟</td><td>任成平</td><td>孙建明</td></tr>
<tr><td>李　舟</td><td>李水龙</td><td>李国宏</td><td>张日利</td><td>张旭华</td><td>陆善平</td></tr>
<tr><td>陈启文</td><td>苗林明</td><td>郑智宏</td><td>秦京菊</td><td>秦晋一</td><td>原　俊</td></tr>
<tr><td>柴琳洁</td><td>梁占禄</td><td>董树清</td><td>温鹏飞</td><td>薛利平</td><td>薛新科</td></tr>
</table>

特聘专家：（按姓氏笔画排序）

<table>
<tr><td>王晓东</td><td>王梅梅</td><td>李四峰</td><td>郎红旗</td><td>杨志东</td><td>赵建勇</td></tr>
<tr><td>赵海兰</td><td>温卫东</td><td>韩文斌</td><td>薛永兵</td></tr>
</table>

国家中等职业教育改革发展示范学校
重点专业教材建设成果

化肥生产工艺

郗向前　主　编

池永庆　副主编

董树清　主　审

化学工业出版社

·北京·

本书主要内容包括二氧化碳气提法合成尿素的生产工艺、硝酸铵生产工艺、硝酸磷肥生产工艺的生产原理、工艺条件的选择、工艺流程图的解读、主要设备的构造及其操作要点的分析等。此外，对当前国内外尿素生产工艺的多种流程和工艺及尿素产品的发展也做了简要介绍。

本书可作为中等职业学校化工工艺专业的教材，也可作为尿素、硝酸铵、硝酸磷肥生产企业的工人的培训教材，还可作为企业技术人员和管理人员的参考用书等。

图书在版编目（CIP）数据

化肥生产工艺/郤向前主编. —北京：化学工业
出版社，2015.8（2023.3重印）
国家中等职业教育改革发展示范学校重点专业教
材建设成果
ISBN 978-7-122-24549-6

Ⅰ.①化… Ⅱ.①郤… Ⅲ.①化学肥料-生产工艺-
中等专业学校-教材 Ⅳ.①TQ440.6

中国版本图书馆 CIP 数据核字（2015）第 151405 号

责任编辑：张双进　　　　　　　　　　文字编辑：昝景岩
责任校对：吴　静　　　　　　　　　　装帧设计：尹琳琳

出版发行：化学工业出版社（北京市东城区青年湖南街 13 号　邮政编码 100011）
印　　装：北京科印技术咨询服务有限公司数码印刷分部
710mm×1000mm　1/16　印张 11¾　字数 236 千字　2023 年 3 月北京第 1 版第 5 次印刷

购书咨询：010-64518888　　售后服务：010-64518899
网　　址：http://www.cip.com.cn
凡购买本书，如有缺损质量问题，本社销售中心负责调换。

定　　价：39.00 元

前言

《化肥生产工艺》是山西省工贸学校与化学工业出版社合作出版的教材之一。本书根据全国化工中专教学指导委员会颁发的《化学肥料教学大纲》和山西省工贸学校化学工艺专业人才培养方案，由山西省工贸学校示范办、化工科组织编写。

本书主要针对目前中国国内尿素、硝酸铵、硝酸磷肥的生产规模庞大、生产工艺繁多的特点，参阅山西省内数个尿素、硝酸铵、硝酸磷肥生产企业的生产工艺资料，以及现行尿素、硝酸铵、硝酸磷肥生产工艺教材，就其共性的问题，主要描述了二氧化碳气提法合成尿素的生产工艺、硝酸铵生产工艺、硝酸磷肥生产工艺的生产原理、工艺条件的选择、工艺流程图的解读、主要设备的构造及其操作要点的分析等。此外，对当前国内外尿素生产工艺的多种流程和工艺以及尿素产品的发展也做了简要介绍。

随着近几年国内化学工业的迅速发展，化肥企业的生产规模不断扩张，技术不断进步，企业对具备高技能、复合型技术人才的需求比重增加。为配合尿素、硝酸铵、硝酸磷肥生产企业的迅速发展对中等职业技术教育和化肥技术工人培训的要求，本书主要介绍了二氧化碳气提法合成尿素的合成理论和生产技术以及硝酸铵、硝酸磷肥的生产技术。其中尿素合成部分以尿素生产工艺流程为主线，从原料的性质、净化及输送，尿素的合成，尿素合成液中未转化物的分离与回收利用，尿素水溶液的蒸发，尿素熔融液的造粒工艺原理和技术进行了详细介绍；并且对尿素合成过程的中间产物氨基甲酸铵的性质及其在尿素合成过程中的重要性进行了阐述；根据尿素合成反应的特点，在工艺条件选择和讨论中对如何提高二氧化碳转化率，提高尿素产品质量、产量，如何抑制尿素水解、缩合副反应和防止尿素生产设备的腐蚀问题从理论上进行了详细的介绍。

全书由山西省工贸学校郗向前主编，山西省工贸学校董树清主审。全书共分三个工艺：尿素生产工艺中项目一、二、三、四、七由郗向前编写，项目五、六由太原科技大学化工学院池永庆编写；硝酸铵生产工艺由山西省工贸学校王宏祥编写；硝酸磷肥生产工艺由郗向前编写。全书由郗向前统稿。

本书可作为中等职业学校化工工艺专业的教材，也可作为尿素、硝酸铵、硝酸磷肥生产企业的工人的培训教材，还可作为企业技术人员和管理人员的参考用书等。

由于编写时间短，编者实践经验有限，书中难免出现疏漏和不妥之处，恳请读者提出宝贵意见。

编者

2015 年 2 月

目录

第一章

尿素生产工艺

尿素档案

中文名：尿素

英文名：Carbamide（碳酰胺）Urea（尿素）

摩尔质量：60.055g/mol

密度：1.335g/cm³

沸点：196.6℃（760mmHg）

闪点：72.7℃

别名：碳酰胺

化学式：$CO(NH_2)_2$

外观：白色晶体

熔点：132.7℃（760mmHg）❶

溶解度（水）：108g/100mL（20℃）

主要危害：一定条件下会爆炸 $2CO(NH_2)_2 + 3O_2 \stackrel{}{=\!=\!=} 2N_2 + 2CO_2 + 4H_2O$

安全性：避免与皮肤、眼睛接触

项目一 概述

学习目标

1. 知识目标：学会尿素的物理与化学性质、用途与规格、生产方法简介；
2. 能力目标：利用尿素的物理与化学性质、用途，为人类造福；
3. 情感目标：了解尿素生产方法简介，培养工程技术观念及与人合作的岗位能力。

项目任务

1. 尿素的性质；
2. 尿素的用途与规格；
3. 尿素生产方法简介。

---

❶ 760mmHg=101.325kPa。

项目描述

该项目阐述了尿素的性质、用途与产品规格、生产方法。

项目分析

尿素的性质决定尿素的用途，尿素先进的生产方法是学习重点。尿素产品规格涉及尿素产品的质量，要深入学习。

知识平台

常规教室

项目实施

任务一　认知尿素的性质

一、尿素的物理性质

1. 尿素的重要物理性质

① 尿素（Urea）的学名是碳酰胺，俗称尿素，又称为脲，分子式为 $CO(NH_2)_2$，结构式为 $H_2N-\overset{\overset{\displaystyle O}{\|}}{C}-NH_2$，相对分子质量为 60.055，含氮量为 46.65%。

② 纯尿素在常压下的熔点为 132.7℃。

③ 尿素俗称的来源：尿素是碳、氢、氧、氮元素组成的有机化合物，因尿素这种物质首先发现于人类及哺乳动物的尿液中，故俗称为尿素。

④ 尿素的颜色与外观形状：纯净的尿素在室温下是无色、无味、无臭的针状或棱柱状结晶体。工业上尿素产品因含有杂质，一般为白色或浅黄色结晶体。

⑤ 尿素的吸湿性：固体尿素易吸湿，随温度升高和相对湿度增大而吸湿性增大，故尿素产品应密闭包装，在运输、储存和施用时，注意防止尿素吸湿潮解并导致尿素结块。粒状尿素的优点：粒状尿素尤其是大颗粒尿素的比表面积较小，与湿空气的接触机会较少，吸湿性和结块性较小，并具有良好的稳定性，便于运输、贮存和施用，故目前大多数尿素生产企业均生产大颗粒尿素。

⑥ 尿素的水溶性和氨溶性：尿素易溶于水和液氨中，其溶解度随温度升高而增大。

⑦ 尿素水溶液的沸点随浓度降低、压力降低而降低，反之也成立。

2. 尿素的其他物理性质

① 在 20℃时尿素饱和水溶液的密度为 1.146g/cm³，固体尿素密度为 1.355g/cm³，温度每增加 1℃，密度将降低 0.000208g/cm³，20℃时比热容为 1.334J/(g·℃)，结晶热为 224J/g，临界温度为 102.3℃。

② 25℃时比热容（固态）1.55J/(g·℃)，比热容（液态）2.09J/(g·℃)。

③ 尿素水溶液的密度和黏度随浓度升高，温度降低而增大。

二、尿素的化学性质

尿素的化学性质主要包括尿素的缩合反应、水解反应、加成反应等。

1. 尿素的缩合反应

评价：尿素的缩合反应是尿素生产过程中的有害副反应之一。

尿素在加热的条件下易发生分子间缩合脱氨生成缩二脲、缩三脲以及三聚氰酸等化合物。在真空条件下，将固体尿素加热到 120～130℃时，尿素并不分解，但要由固体直接升华成为气体。

① 温度升高至 160～190℃时尿素可转变为氰酸铵，相应的化学反应式如下：

$$H_2N—CO—NH_2 \Longrightarrow NH_4[O—C≡N]-Q \tag{1-1}$$

② 当加热温度高于尿素的熔点时发生二分子或三分子间脱氨并生成缩二脲以及缩三脲的不利于尿素生产的化学反应。

a. 在常压下，加热干燥固体尿素到高于它的熔点温度时，两分子尿素缩合生成难溶于水的缩二脲，并放出氨气，反应方程式如下：

$$2CO(NH_2)_2 \Longrightarrow NH_2CONHCONH_2 + NH_3 \uparrow -Q \tag{1-2}$$

b. 当温度超过 170℃时，三分子尿素缩合生成缩三脲或三聚氰酸等，并放出较多的氨气：

$$3CO(NH_2)_2 \Longrightarrow NH_2CONHCONHCONH_2 + 2NH_3 \uparrow -Q \tag{1-3}$$

$$3CO(NH_2)_2 \Longrightarrow C_3N_3(OH)_3 + 3NH_3 \uparrow -Q \tag{1-4}$$

尿素缩合反应的机理是很复杂的，有关研究指出，首先是尿素进行同分异构化，由酮状结构变成烯醇状结构，然后生成氰酸和氨，氰酸再与尿素作用生成缩二脲，以致进一步生成缩三脲或三聚氰酸等化合物。

③ 缩合反应产物的危害。缩二脲、缩三脲及三聚氰酸对于植物或动物都是有害的物质，缩合反应的发生会降低尿素产品质量，故生产过程中应防止或减少尿素缩合反应的发生。

2. 尿素的水解反应

评价：尿素的水解反应是尿素生产过程中的有害副反应之二。

(1) 水解反应的规律

① 尿素的水解过程，一般认为经历以下几个步骤。

第一步，尿素与水作用首先生成氨基甲酸铵（以下简称甲铵）：

$$CO(NH_2)_2 + H_2O \Longrightarrow NH_4COONH_2 - Q_1 \tag{1-5}$$

第二步，生成的甲铵在水的作用下，部分进一步水解生成碳酸铵：

$$NH_4COONH_2 + H_2O \Longrightarrow (NH_4)_2CO_3 - Q_2 \tag{1-6}$$

第三步，碳酸铵分解为碳酸氢铵和氨气：

$$(NH_4)_2CO_3 \Longrightarrow NH_4HCO_3 + NH_3 \uparrow -Q_{3(1)} \tag{1-7}$$

碳酸氢铵最后进一步完全分解为氨、二氧化碳和水：

$$NH_4HCO_3 \Longrightarrow NH_3 \uparrow + CO_2 \uparrow + H_2O - Q_{3(2)} \tag{1-8}$$

当加热尿素的水溶液温度高于 130℃时，尿素会直接水解为氨和二氧化碳：

$$CO(NH_2)_2 + H_2O \rightleftharpoons 2NH_3\uparrow + CO_2\uparrow - Q \qquad (1-9)$$

该反应式也是尿素水解反应的总反应式。

② 尿素水解反应的速率和水解量的影响因素如下。

a. 温度：尿素在常温常压下性质比较稳定，即使在酸性、碱性或中性溶液中，当温度在 60℃ 以下时，尿素几乎不发生水解反应。随着温度升高，水解速率加快。当温度达 80℃ 时，1h 内尿素的水解量仅为 0.5%，110℃ 时 1h 内可增加到 3%。

b. 加热时间：加热时间越长，水解程度越大（即水解量越大），水解速率越快。

c. 氨存在：在有氨存在的情况下，可以抑制尿素的水解，该规律可由化学平衡移动原理解释。氨存在时尿素的水解速率可以大大降低，水解量大大减小。

（2）水解反应对于尿素生产过程的危害

尿素水解反应是尿素合成反应的逆反应，是尿素合成反应的倒退！在尿素生产过程中发生水解反应，会减小尿素生产的产量、增加动力消耗、加大尿素的生产成本等，这一点将在工艺条件讨论项目中详细讲述，故实际生产中应尽可能防止或减少尿素水解反应的发生。

3. 尿素的加成反应

评价：拓宽了尿素的利用空间，增强了尿素的经济性。

① 由于尿素分子结构的特点，在强酸性溶液中呈现弱碱性，具有碱性特征，因此尿素能与酸作用生成盐类。

比如，尿素与硝酸作用生成尿素的硝酸盐：

$$CO(NH_2)_2 + HNO_3 \Longrightarrow CO(NH_2)_2 \cdot HNO_3 \qquad (1-10)$$

其中 $CO(NH_2)_2 \cdot HNO_3$ 称为硝酸脲，是尿素的硝酸盐，该物质微溶于水，加热即可迅速发生分解反应甚至爆炸。

尿素与磷酸作用生成尿素的磷酸盐：

$$CO(NH_2)_2 + H_3PO_4 \Longrightarrow CO(NH_2)_2 \cdot H_3PO_4 \qquad (1-11)$$

其中 $CO(NH_2)_2 \cdot H_3PO_4$ 称为磷酸脲，是尿素的磷酸盐，该物质易溶于水，是良好的复合肥料。

尿素与过氧化氢反应生成过氧化尿素或称过氧化碳酰二胺：

$$CO(NH_2)_2 + H_2O_2 \Longrightarrow CO(NH_2)_2 \cdot H_2O_2 \qquad (1-12)$$

其中 $CO(NH_2)_2 \cdot H_2O_2$ 称为过氧化尿素，是一种优良的氧化性漂白剂和消毒剂。

② 尿素在强碱性溶液中，又呈现弱酸性，故尿素又能与碱作用生成盐类，如与 NaOH 作用生成 Na_2CO_3 等。

$$CO(NH_2)_2 + 2NaOH \Longrightarrow Na_2CO_3 + 2NH_3\uparrow \qquad (1-13)$$

③ 尿素还能与一些金属盐类作用生成配合物，如尿素与磷酸二氢钙作用，生成磷酸脲和磷酸氢钙：

$$CO(NH_2)_2 + Ca(H_2PO_4)_2 \cdot H_2O \Longrightarrow CO(NH_2)_2 \cdot H_3PO_4 + CaHPO_4 + H_2O$$

$$(1-14)$$

尿素与 NH_4Cl 作用生成 $NH_4Cl \cdot CO(NH_2)_2$，与 NH_4NO_3 作用生成 $NH_4NO_3 \cdot CO(NH_2)_2$ 等络合物，利用这一性质可生产高效复合肥料。

④ 另外，尿素几乎能与所有的直链有机化合物（如醇、酸、醛、烃类等）发生化学反应。尿素不仅可以发生取代反应，而且还可以发生加成反应，这些性质大大地增加了尿素的用途及经济价值。

任务二 探究尿素的用途及产品标准

一、用作氮肥

（1）高浓度氮肥 尿素是目前使用的固体氮肥中含氮量最高的化学肥料。尿素的含氮量为硝酸铵的 1.3 倍，氯化铵的 1.8 倍，硫酸铵的 2.2 倍，石灰氮（氰氨化钙）（$CaCN_2$）的 2.3 倍，碳酸氢铵的 2.6 倍，因此，以单位氮为基准，尿素的生产、运输、储存和施用费用是最低的。

（2）中性肥料 尿素是一种良好的中性肥料，不含酸根，适用于各种土壤和各种农作物，它既可以作基肥，也可以作追肥，可以干施又可以湿施，对农作物根部和叶面都可以施用，还能与其他化学肥料混合施用。尿素在施用过程中，不会在土壤中留下任何有害物质，尿素分子中的氮元素被作物吸收时，分解释放出的二氧化碳还会促使农作物进行光合作用，所以，长期施用尿素不会使土壤板结或变质。

（3）生产复混肥料的主要原料 尿素与甲醛或乌洛托品 $[(CH_2)_6N_4]$ 反应可制得缓效的尿醛肥料，可以使肥效期大大增长，尿素与其他化学肥料混合而制得高效复混肥料，对农作物增产效果更为显著。

（4）尿素产品中含有少量缩二脲对农作物的毒害作用 尿素中缩二脲对农作物有毒害作用，能伤害种子并抑制种子发芽。被农作物吸收后，使叶尖发黄，叶子枯萎，生长速率缓慢，影响农作物的产量。

（5）尿素肥料中缩二脲的最高允许含量 随农作物种类和施肥方法而有较大差别。当缩二脲含量不超过 2.5% 时，各类农作物均可使用。但用于拌种或可能接触种子时，缩二脲含量不应超过 1%。用作叶面施肥时，对柑橘类果树，缩二脲应不超过 0.25%，对其他作物，缩二脲不应超过 0.5%。因缩二脲在土壤中能转变成硝酸态氮而被植物吸收利用，不会在土壤中积聚，因此只要一次施肥中缩二脲含量不超过允许量，就能避免对农作物的损害。

二、用于饲料生产的非蛋白氮添加剂

尿素可用作反刍动物（如牛、羊等）饲料的非蛋白氮添加剂（辅助饲料）。尿素在反刍动物胃中微生物的作用下将尿素所含的氮元素提供于生物合成蛋白质，使肉、奶增产。故仅限于用作反刍动物的饲料生产的添加剂，按蛋白质的价值比较，1kg 尿素的含氮量，等于 2.6~2.8kg 蛋白质的含氮量，约等于 5kg 豆饼或 22~25kg 大麦的含氮量，作为饲料生产的原料尿素的规格和用法有特殊要求，要科学配制，不能乱用。

三、用作其他工业的原料

尿素在工业上的用途非常广泛。现从以下八个层面描述：

（1）合成高分子聚合物的原料　在有机合成工业中，尿素主要用作合成高分子聚合物的原料，如用于合成脲醛树脂、有机玻璃等。

（2）利尿剂　在医药工业中，纯尿素可用作利尿剂，生产制药原料氨基甲酸乙酯，还可用作生产安眠药、镇静剂、麻醉剂、甜味剂等的原料。

（3）石油精炼过程的脱脂剂　在石油工业中，尿素用来制造化学配合物，用作石油精炼过程的脱脂剂。

（4）合成纤维——尤纶的原料　在合成纤维中，尿素是合成纤维——尤纶的原料。

（5）软化剂　尿素还可用于纺织品的人工防皱和麻纱处理的软化。

（6）炸药的稳定剂　在国防工业中，尿素用作炸药的稳定剂。

（7）起泡剂　在选矿中用作起泡剂。

（8）其他产品的原料　在制革、颜料、涂料、染料、摄影显影剂及日用化工产品生产中，也都要使用尿素。尿素在工业上使用时，除用于生产某些特殊产品外，一般对缩二脲的含量没有特殊要求。

四、尿素国家标准

GB 2440—2001 如表 1-1 所示。

表 1-1　尿素国家标准（GB 2440—2001）

项　目		工业用			农业用		
		优等品	一级品	合格品	优等品	一级品	合格品
总氮(N)(以干基计)	≥	46.5%	46.3%	46.3%	46.4%	46.2%	46.0%
缩二脲	≤	0.5%	0.9%	1.0%	0.9%	1.0%	1.5%
水(H_2O)分	≤	0.3%	0.5%	0.7%	0.4%	0.5%	1.0%
铁(以 Fe 计)	≤	0.0005%	0.0005%	0.0010%			
碱度(以 NH_3 计)	≤	0.01%	0.02%	0.03%			
硫酸盐(以 SO_4^{2-} 计)	≤	0.005%	0.010%	0.020%			
水不溶物	≤	0.005%	0.010%	0.040%			
亚甲基二脲	≤				0.6%	0.6%	0.6%
颗粒	δ 0.85~2.80mm ≥	90%	90%	90%	93%	90%	90%
	δ 1.18~3.35mm ≥						
	δ 2.00~4.75mm ≥						
	δ 4.00~8.00mm ≥						

注 1. 表中为工业级和农业级质量标准，在饲料级尿素中缩二脲、游离氨和铁含量还有特别的要求。

2. 尿素生产工艺中，造粒时在尿素熔融液内不加甲醛，则不做亚甲基二脲含量的测定。

3. 项目中颗粒项只要符合四档中的任一档即可，包装标识中应注明。

4. 尿素产品含氮量的比较：

（1）工业品同一级别＞农业品同一级别；

（2）对于工业品或农业品均有如下规律：优等品＞一级品＞合格品。

任务三　了解尿素的生产方法简介

尿素最早发现于 1773 年，1828 年德国化学家维勒（图 1-1）在实验室用氰酸与氨进行化学反应，第一次得到人工合成的尿素。到目前为止，尿素生产方法很多，其主要区别在于尿素合成反应液中未转化物的分离与回收方法不同。

1. **不循环法**

即原料液氨和气体二氧化碳经尿素合成反应后，未生成尿素的氨和二氧化碳与尿素分离后全部不返回尿素合成塔，而送去加工成其他产品的方法。不循环法是 20 世纪 30 年代中期出现的一种合成尿素的方法。

2. **半循环法**

即原料液氨和气体二氧化碳经尿素合成反应后，未生成尿素的氨和二氧化碳与尿素分离后部分返回尿素合

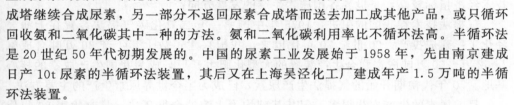

图 1-1　弗里德里希·维勒

成塔继续合成尿素，另一部分不返回尿素合成塔而送去加工成其他产品，或只循环回收氨和二氧化碳其中一种的方法。氨和二氧化碳利用率比不循环法高。半循环法是 20 世纪 50 年代初期发展的。中国的尿素工业发展始于 1958 年，先由南京建成日产 10t 尿素的半循环法装置，其后又在上海吴泾化工厂建成年产 1.5 万吨的半循环法装置。

3. **全循环法**

即原料液氨和气体二氧化碳经尿素合成反应后，未生成尿素的氨和二氧化碳与尿素分离后全部返回尿素合成系统继续合成尿素，构成封闭的循环系统的方法。原料利用率高达 98% 以上。

全循环法是 20 世纪 60 年代初期在半循环法的基础上发展起来的。

根据尿素合成反应液中未转化物的分离和循环回收的方法不同，又可分为热气全循环法、矿物油全循环法、尾气分离全循环法和水溶液全循环法等。

如第一座以氨和二氧化碳为原料生产尿素的工业装置是德国法本（I. G. Farben）公司奥堡工厂于 1922 年建成投产的，采用热混合气压缩循环。1932 年美国杜邦公司（Du Pont）用直接合成法制取尿素氨水，并在 1935 年开始生产固体尿素，未转化物以氨基甲酸铵水溶液形式返回合成塔，是曾经流行的水溶液全循环法技术的早期设想，也是现代尿素生产技术的基础。

（1）水溶液全循环法　是利用水吸收未生成尿素的氨和二氢化碳，以碳酸铵水溶液或甲铵水溶液的形式进行循环，全部返回合成塔的方法。该方法具有动力消耗低、生产流程简单、投资较低等优点，故曾经得到广泛采用。

在循环过程中根据使用水量的不同，又可分为碳酸盐水溶液全循环法和甲铵溶液全循环法。如日本三井东亚全循环改良 C 法和 D 法，荷兰斯塔米卡邦水溶液全循环法，意大利蒙特卡蒂尼-爱迪生新全循环法，美国凯米科水溶液全循环法以及

我国的碳酸盐水溶液全循环法均属水溶液全循环法，该法主要生产过程如图 1-2 所示。

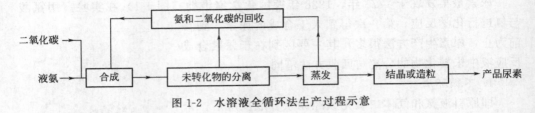

图 1-2 水溶液全循环法生产过程示意

（2）气提法 是利用气体介质在与合成等压的条件下通入尿素合成塔出口液中，将其中未生成尿素的未转化物分解并加以回收利用的方法。

根据气体介质的不同又可分为二氧化碳气提法、氨气提法、变换气气提法（又称合成氨联尿法）等。

气提法的优点：气提法热量回收利用率高、低压，氨和二氧化碳处理量较少，技术经济指标较高，是世界各国尿素生产的发展方向。

气提法技术在我国的引进：1975 年中国第一套二氧化碳气提法装置在上海吴泾化工厂建成投产。20 世纪 70 年代以来，我国兴建了数十套年产 30 万吨合成氨与 52 万～60 万吨尿素联合生产装置的大型化肥生产厂，成为我国生产尿素的核心基地。70 年代初期开始的气提法生产尿素，已成为当今世界尿素生产的主要方法。

目前尿素的生产方法很多，但其基础均为水溶液全循环法。具有代表 80 年代水平的主要生产方法是荷兰斯塔米卡邦的二氧化碳气提法，意大利斯那姆氨气提法和蒙特卡蒂尼-爱迪生等压循环法，日本三井等压低能耗法等。

想一想练一练

1. 叙述尿素的主要物理性质。
2. 缩合反应是如何定义的？写出尿素的缩合反应方程式。
3. 水解反应是如何定义的？写出尿素的水解反应方程式。
4. 加成反应是如何定义的？写出尿素的加成反应方程式。
5. 尿素中的氮含量是如何计算的？（46.67%）
6. 简要叙述尿素的用途。
7. 画出水溶液全循环法尿素生产方块流程图，简要叙述流程过程。

项目二　合成尿素的原料

学习目标

1. 知识目标：了解合成尿素原料的性质；

2. 能力目标：学会尿素生产对原料的工艺要求；

3. 情感目标：掌握尿素生产中对原料的输送及输送设备的使用方法，牢固树立安全观念，培养与人合作的岗位工作能力。

 **项目任务**

1. 尿素生产对原料的工艺要求；

2. 尿素生产对原料的输送及其设备；

3. 尿素生产对原料输送的仿真知识。

 **项目描述**

该项目阐述了合成尿素的原料的性质、尿素生产对原料的要求、尿素生产对原料的输送及其设备。

项目分析

合成尿素的原料性质及合成尿素生产工艺决定了尿素生产对原料的特殊要求，尿素生产对原料的输送及其设备是生产环节的重点。

知识平台

1. 常规教室；

2. 仿真教室；

3. 实训工厂。

项目实施

合成尿素的主要原料是液氨和气体二氧化碳，而在尿素熔融液造粒时要加入少量甲醛，以提高尿素成品的造粒质量。

（1）氨的物理性质　氨的化学式为 NH_3，摩尔质量为 17.03g/mol。氨在常温常压下为无色、具有特殊刺激性气味的气体，易溶于水，并且其水溶液呈弱碱性。在低温高压下易液化，当温度低于 $-77.7℃$ 时，氨可以成为具有臭味的无色结晶体。

沸点/℃	-33.35
凝固点/℃	-77.7
蒸发热（在$-33.35℃$时）/(kJ/mol)	23.37
凝固热（在$-77.7℃$时）/(kJ/mol)	5.656

（2）二氧化碳的物理性质　二氧化碳在常温常压条件下是一种具有窒息性的无色气体，由它造成的死亡往往很难抢救，空气中含 CO_2 约为 0.03%。当空气中 $CO_2<0.1%$ 时，人们没有什么感觉；当 CO_2 含量为 1.5% 时，人就要深呼吸；当 CO_2 达 6% 时，就会出现呼吸困难，维持 1h 便会死亡；到 10% 时会引起昏厥，维

持数分钟便有生命危险；到15％就会很快死亡，故生产中必须对二氧化碳有足够重视。

二氧化碳在一定条件下可以液化，在强烈冷却时可以变为固体（俗称干冰），其化学式为CO_2，摩尔质量为44g/mol。

沸点/℃   －56.2

熔点/℃   －78.48

（3）甲醛的物理性质 甲醛又名蚁醛，分子式为HCHO，相对分子质量为30.3，在常温下，甲醛是无色、具有特殊强烈刺激气味的气体，凝固点－92℃，沸点－21℃。甲醛易溶于水和乙醇，一般以水溶液保存。37％～40％（质量分数）甲醛水溶液俗称福尔马林，用作消毒剂和防腐剂，此溶液沸点为19℃。甲醛为原生质毒，属于较高毒性的物质，已经被世界卫生组织确定为致癌和致畸物质，接触后即对皮肤、黏膜产生强烈刺激作用，可致皮肤过敏，使器官发生器质性伤害。对中枢神经系统，尤其是视丘有强烈作用。甲醛进入机体后可迅速被吸收，在肝脏被氧化为甲酸、甲醇。甲醛可与蛋白质、氨基酸中的氨基、甲基反应。甲醛与空气形成爆炸性混合物，爆炸极限为7％～73％。

任务一 解读尿素生产对原料的工艺要求

合成尿素的主要原料是液氨和二氧化碳，它们分别为合成氨厂的主副产品，所以尿素生产和合成氨生产在一起进行，称为合成氨联尿技术。

生产尿素的原料氨采用液氨。液氨中的水、油及惰性气溶解量越低越好。液氨中氨含量，一般不低于99.5％（质量分数）。液氨中含油量应不高于10mg/kg。含油量过高，将污染氨预热器或氨加热器等换热器的换热表面，使传热效率降低。在二氧化碳气提法中，还可能在高温下发生氧化，引发燃爆。液氨中通常含有氨合成催化剂的粉粒，因此进入尿素装置前应设置氨过滤器滤净，否则会附着于氨预热器或氨加热器等换热器表面。供生产尿素用的液氨，在进入高压氨泵之前，应具有一定的静压头，或过冷10℃左右，防止液氨因温度波动而汽化，以保证氨泵的正常运行。液氨中惰性气体含量要低。若液氨中溶有较多的氢和氮气，进入尿素合成塔后，将导致尿素合成转化率降低。因此，如果将从氨合成来的含有较多氢和氮气的高压液氨直接送入尿素合成塔，是不经济的。

生产尿素用的二氧化碳，必须满足以下要求。

二氧化碳含量大于98.5％（干基体积），惰性气体含量小于1.5％（体积），硫化物小于15mg/m³（以总硫计）。

生产尿素用的二氧化碳，通常都来自合成氨厂。生产尿素时，原料消耗为每消耗1000kg氨需消耗二氧化碳1300kg。但生产1000kg氨所能回收的二氧化碳量随合成氨厂采用不同原料、不同方法而有差别。

用煤为原料，水洗法三次膨胀回收二氧化碳时，每吨氨约可回收二氧化碳1200～1400kg，化学吸收法约回收2400kg。以天然气或油田气为原料，化学法吸收二氧化碳时，每生产 1000kg 氨可回收 1200～1300kg 二氧化碳。以石脑油和重油为原料时，可分别回收 1660kg。

结论：可见用天然气或油田气为原料时，二氧化碳量略显不足。用煤、重油或石脑油为原料时，二氧化碳量尚有富余。

二氧化碳中硫含量越低越好，因硫化物对生产尿素的设备有强烈的腐蚀性。因此，当原料二氧化碳气中硫含量超过规定时，进尿素合成系统中的二氧化碳必须脱硫。

二氧化碳气体中的惰性气含量越低越好。惰性气含量升高，尿素转化率降低。惰性气中的氢含量，要控制在 1.2%（体积分数）以下。氢气含量增高，在系统中某些部位生成 $NH_3—H_2—O_2$（或空气）爆炸气的危险性增加。为安全起见，有些气提法尿素生产流程中，装有脱氢装置，使二氧化碳气体中氢气含量不超过 0.2%（体积分数），这样高压系统就不再有爆炸危险，简化了尿素尾气处理系统。

小结。

① 尿素生产对原料液氨的工艺要求　$NH_3 > 99.5\%$（质量分数），水和惰性物质含量 $< 0.5\%$（质量分数），油含量 $< 10 \times 10^{-6}$（质量分数），并不含固体杂质（如催化剂粉末等），液氨送往尿素合成塔之前应具有一定静压力和过冷度，如果液氨不符合要求应再进行净化或加压处理。

② 尿素生产对原料二氧化碳的工艺要求　主要是从尿素的合成转化率和设备防腐来考虑的，纯度低的二氧化碳会降低合成尿素转化率，含硫量高的气体将加大设备的腐蚀，故一般，合成尿素要求二氧化碳纯度 $> 98.5\%$（干基体积分数），硫化物含量 $< 15mg/m^3$，氢气含量 $< 0.2\%$（体积分数），其他惰性气体含量要尽可能低。二氧化碳送入尿素合成塔时，应为该温度下的水蒸气所饱和并具有一定压力，如果原料二氧化碳不符合要求，也应进行净化处理。

阅读材料：脱氢反应器

脱氢反应器用于在催化剂的作用下，使 CO_2 中的 H_2 与 O_2 发生燃烧反应，以脱除原料气中的可燃气体。

脱氢反应器属于圆筒形固定床反应器。在直筒下部支撑栅算上面，充填 Al_2O_3 为载体，含 0.3% 铂催化剂约 $1m^3$，在催化剂上部装有一层不锈钢金属丝网，对入口气体起到过滤和均布作用。CO_2 气体从反应器顶部进入，经脱氢反应后从底部离开。

从 CO_2 压缩机来的 14.2MPa，110℃ 的 CO_2，在进入脱氢反应器前需加热到约 160℃，以达到催化剂活性反应温度，原料 CO_2 中的 H_2 与加入 CO_2 的空气中的 O_2 发生燃烧反应：$H_2 + O_2 \Longrightarrow H_2O$，从而使 H_2 含量降低到 100mg/L 以下。反应放出的热量使离开反应器的 CO_2 温度升高约 45℃。

脱氢反应器设有进出口差压表，如差压上升，催化剂可能粉碎或烧结，超过 0.2MPa 需要更换催化剂。催化剂的活性下降到一定程度后，即脱氢后 H_2 含量超过 250mg/L，就需要将脱氢反应器切出系统，更换催化剂。停车后为保护催化剂，脱氢反应器需用 N_2 进行冷却、置换。

催化剂对硫化物非常敏感，CO_2 中的总硫含量升高，催化剂中毒，活性下降，氢含量升高，高压洗涤器尾气容易进入爆炸范围，因此，必须严格控制 CO_2 中的总硫含量小于 $2mg/L$ 以下。催化剂的活性不但与总硫含量有关，也与运行时间有关，运行时间延长，催化剂比表面积下降，活性也会下降。活性下降后为提高脱氢效率，必须相应提高入口 CO_2 温度，要注意出口 CO_2 温度一般不容许超过 $250℃$，否则催化剂容易烧结。

任务二 解读原料输送设备

一、液氨泵

氨升压泵为筒立式多级离心泵，带有冷却水的机械密封，泵的启动以及主副线出口阀可以在总控制室操作，自动化程度较高。主管上装有缓冲罐及流量累计表，缓冲罐上部接管到液氨罐或氨球的气相空间，其作用一是为了防止高压氨泵的脉冲影响流量累计的正确性，二是可以将任何气氨排回氨罐。

相关仿真知识 1 高压氨泵

高压氨泵 DCS 图见图 1-3，高压氨泵现场图见图 1-4。

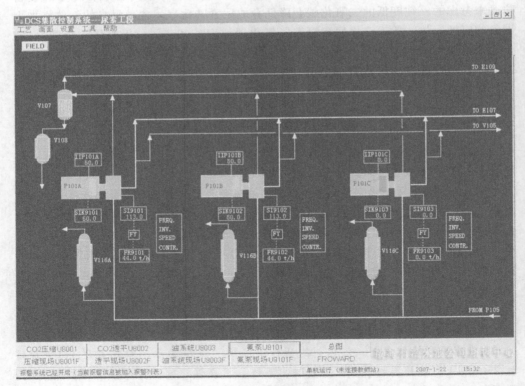

图 1-3 高压氨泵 DCS 图（U9101）

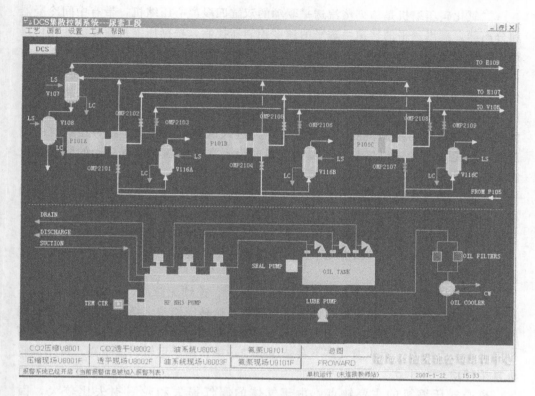

图 1-4　高压氨泵现场图（U9101F）

U9101	V-107（液氨加热器）
高压氨泵工段	V-108（液氨加热器）
	V-116A/B/C（液氨预热器）
	P-101A/B/C（高压液氨泵）
	P-105A/B（氨升压泵）

来自界区的原料液氨压力约 2.1MPa（表），温度 30℃左右，经计量后通过氨吸收塔 C-105 进入氨槽 V-105，新鲜液氨和氨冷凝器 E-109 冷凝的液氨一并经氨升压泵 P-105A/B 加压，一部分入 C-101，其余全部用高压液氨泵 P-101A/B/C 加压至 21.7MPa（表压）进入合成高压圈。在此之前，先在氨预热器 E-107 中用低压分解气作热源进行预热，预热后温度在 94℃左右。

因此，液氨的输送由氨升压泵和高压液氨泵来完成。高压液氨泵为往复式柱塞泵。

二、二氧化碳压缩机

离心式二氧化碳压缩机提高气体压力是靠叶轮带动气体旋转，使气体受到离心力的作用产生压力获得动能，然后进入扩压器中，气体流速逐渐减慢，将动能转变为压力能，而使压力得到提高。这与活塞式或回转式压缩机靠气体的容积变化来提高压力是不同的。

二氧化碳压缩机是单列蒸汽透平驱动的双缸四段离心压缩机，带有中间冷凝器和分离器，蒸汽透平的转速由透平的速度控制器控制，根据压缩机速度的变化可以得到一套流量和压力（q_v-p）曲线，从而可以用转速来调整负荷。速度控制器由二氧化碳进口管接受压力信号，并自动调整转速从而可以将送到尿素车间的二氧化碳全部用掉。如果尿素车间降低负荷不能用掉全部二氧化碳，这时二氧化碳进口管的压力信号停止作用，而将流量信号打开，以流量信号控制透平，多余的二氧化碳从带有压力控制器的放空管线放空。进入压缩机的气量应超过压缩机的喘振点，但是为了使进口气量小于喘振气量时而不发生问题，设有自动的防喘振控制系统。

目前，国内大型合成氨厂尿素装置所使用的二氧化碳离心式压缩机均为二缸四段，其中一段为三级；二段、三段均为四级；四段为二级，共十三级。在一、二、三段后设有一台水冷器和液滴分离器。在高低压之间设有增速箱。

离心式压缩机的每一段由几个压缩级组成，每一级由一个叶轮以及与其配合的固定元件构成。

离心式压缩机的主要优点：单机输出气量大，连续无脉冲，机组外形尺寸小，重量轻，占地面积小，投资省；设备结构简单，运转周期长，操作和维修方便；调节性能好，易实现自动控制；运转可靠，一般单系列运行，不需要备用机组；压缩机内部不需要润滑，所压缩气体不会被润滑油污染；由于运转转速很高，可用汽轮机直接带动。

离心式压缩机的主要缺点：由于气体的漏气损失和轮阻损失比较大，因而效率较低，一般比往复式压缩机低 5％～10％；对压力的适用范围窄，会出现"喘振"现象；如果需要两机并联运行，则难以操作；气体的重度变化对离心式压缩机的工作影响较大，而往复式压缩机的工作几乎与气体的重度无关。

相关仿真知识2　二氧化碳压缩机

1. CO_2 压缩工段四段压缩流程说明

二氧化碳压缩 DCS 图见图 1-5，二氧化碳压缩现场图见图 1-6。

来自合成氨装置的原料气 CO_2 压力为 150kPa（A），温度38℃，流量由 FR8103 计量，进入 CO_2 压缩机预分离器 V-111，在此分离掉 CO_2 气相中夹带的液滴后进入 CO_2 压缩机的一段入口，经过一段压缩后，CO_2 压力上升为 0.38MPa（A），温度 194℃，进入一段冷却器 E-119 用循环水冷却到 43℃，为了保证尿素装置防腐所需氧气，在 CO_2 进入 E-119 前加入适量来自合成氨装置的空气，流量由 FRC-8101 调节控制，CO_2 气中氧含量为 0.25％～0.35％，在一段分离器 V-119 中分离掉液滴后进入二段进行压缩，二段出口 CO_2 压力 1.866MPa（A），温度为 227℃。然后进入二段冷却器 E-120 冷却到 43℃，并经二段分离器 V-120 分离掉液滴后进入三段。

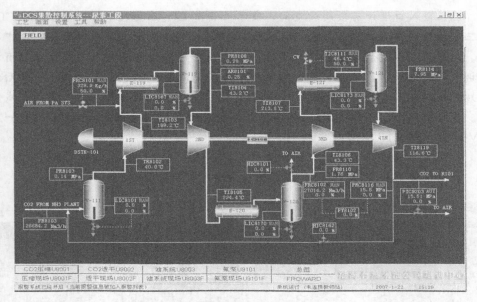

图 1-5 二氧化碳压缩 DCS 图（U8001）

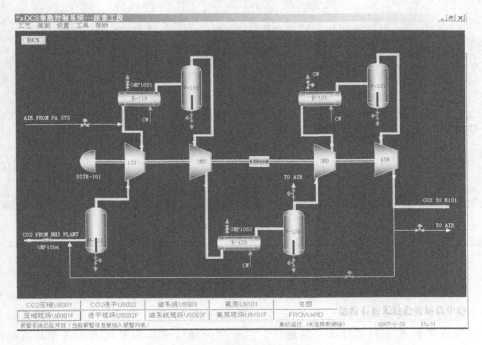

图 1-6 二氧化碳压缩现场图（U8001F）

U8001 二氧化碳压缩工段	V-111（预分离器） E-119（CO₂一段冷却器） V-119（CO₂一段分离器） E-120（CO₂二段冷却器）	V-120（CO₂二段分离器） E-121（CO₂三段冷却器） V-121（CO₂三段分离器） DSTK-101（CO₂压缩机组透平）

在三段入口设计有段间放空阀，便于低压缸 CO_2 压力控制和快速泄压。CO_2 经三段压缩后压力升到 8.046MPa(A)，温度214℃，进入三段冷却器 E-121 中冷却。为防止 CO_2 过度冷却而生成干冰，在三段冷却器冷却水回水管线上设计有温度调节阀 TV-8111，用此阀来控制四段入口 CO_2 温度在 50～55℃ 之间。冷却后的 CO_2 进入四段压缩后压力升到 15.6MPa(A)，温度为121℃，进入尿素高压合成系统。为防止 CO_2 压缩机高压缸超压、喘振，在四段出口管线上设计有四回一阀 HV-8162（即 HIC 8162）。

2. 压缩机透平工段蒸汽流程说明

压缩机透平 DCS 图见图1-7，压缩机透平现场图见图1-8。

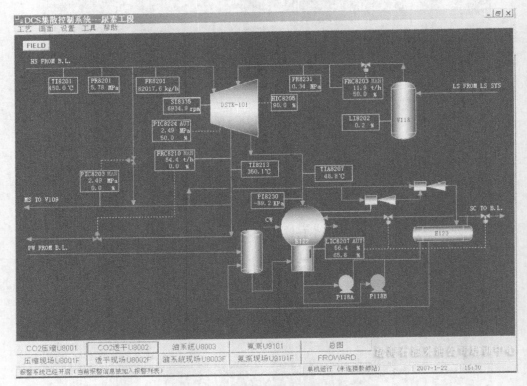

图1-7 压缩机透平 DCS 图（U8002）

主蒸汽压力 5.882MPa，温度450℃，流量82t/h，进入透平做功，其中一大部分在透平中部被抽出，抽汽压力 2.598MPa，温度350℃，流量54.4t/h，送至框架和冷凝液泵的透平和润滑油泵的透平，另一部分通过中压调节阀进入透平后汽缸继续做功。在透平最末几级注入的低压蒸汽，低压蒸汽压力 0.343MPa，温度147℃，流量12t/h，做完功后的蒸汽进入表冷器 E-122 中进行冷凝，其中不凝性气体被抽汽器抽出放空，蒸汽冷凝液被泵送出界区。主蒸汽管网到中压蒸汽管网设计有 PV 8203 阀（即 PIC 8203），以备机组停车后，工艺框架蒸汽需要。

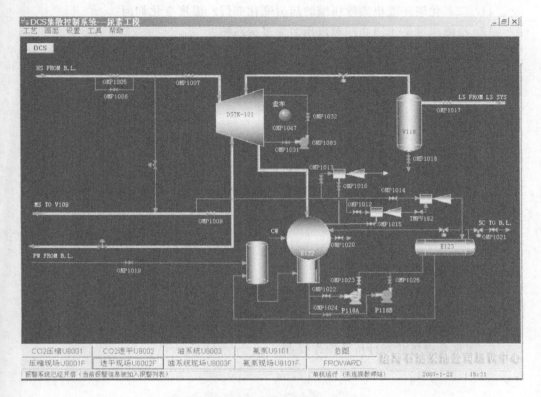

图 1-8 压缩机透平现场图 (U8002F)

U8002	E-122 (表冷器)
压缩机透平工段	E-123 (蒸汽与冷凝液的换热器)
	V-118 (低压蒸汽缓冲罐)
	DSTK-101 (CO_2 压缩机组透平)

 想一想练一练

1. 合成尿素的主要原料液氨和气体二氧化碳的安全特性如何?

2. 甲醛的安全特性如何?

3. 尿素生产对原料的要求如何?

4. 脱氢反应器的作用、结构及其工作过程如何?

5. 你对原料输送设备:①液氨泵,②二氧化碳压缩机能了解多少?

6. 尿素生产对原料氨和二氧化碳质量有何要求?

7. 尿素生产对原料液氨的工艺要求如何?

8. 尿素生产对原料二氧化碳的工艺要求如何?

9. 生产尿素时,原料消耗为每消耗 1000kg 氨需消耗二氧化碳多少千克? (1300kg)

10. 有些气提法尿素生产流程中,装有脱氢装置,使二氧化碳气体中氢气含量不超过多少 (体积分数)? (0.2%)

11. 二氧化碳压缩机四段压缩的压力变化如何？温度变化如何？

12. 压缩机透平工段高压蒸汽压力为多少兆帕？

项目三　尿素的合成

学习目标

1. 知识目标：学会尿素合成的基本原理；

2. 能力目标：学会尿素合成的工艺条件、工艺流程、主要设备；

3. 情感目标：学会尿素合成塔状态分析及操作要点，培养与人合作的岗位工作能力。

项目任务

1. 尿素合成的基本原理；

2. 尿素合成的工艺条件；

3. 尿素合成的工艺流程；

4. 尿素合成的主要设备；

5. 尿素合成塔状态分析及操作要点。

项目描述

该项目阐述了尿素合成的基本原理、工艺条件、工艺流程、主要设备、合成塔状态分析及操作要点。

项目分析

本项目介绍了尿素合成的基本原理、工艺条件、工艺流程、主要设备及合成塔状态分析和操作要点。

知识平台

1. 常规教室；

2. 仿真教室；

3. 实训工厂。

项目实施

任务一　领会尿素合成的基本原理

一、合成尿素的反应机理

工业上尿素的生产都是用液氨与二氧化碳反应直接合成的，总反应式为：

$$2NH_3(l)+CO_2(g)\Longrightarrow CO(NH_2)_2(l)+H_2O(l)+Q \tag{1-15}$$

这是一个体积缩小的、可逆的放热反应。一般认为合成尿素的反应在液相中分以下两步进行。

第一步　甲铵的生成

氨与二氧化碳反应，首先生成液体中间产物氨基甲酸铵（简称甲铵）。该反应即使在常温常压下也很容易发生，其化学反应式为：

$$2NH_3(l)+CO_2(g)\Longrightarrow NH_4COONH_2(l)+Q_1 \tag{1-16}$$

甲铵的生成是一个体积缩小的、可逆的、反应速率较快的强放热反应，在较短的时间内就可达到化学平衡，并且达到平衡后二氧化碳转化为甲铵的百分率很高。

第二步　甲铵的脱水

甲铵是一种很不稳定的化合物，在一定的条件下分子内可以脱水生成尿素，其脱水反应式为：

$$NH_4COONH_2(l)\Longrightarrow CO(NH_2)_2(l)+H_2O(l)-Q_2 \tag{1-17}$$

甲铵的脱水是一个微吸热的可逆反应，反应速率比较缓慢，要用较长的时间才能达到平衡。根据化学平衡理论可知，即使达到化学平衡也不能使甲铵全部脱水转化为尿素，总反应速率的快慢取决于甲铵脱水的速率，因此该反应是合成尿素过程中的控制反应或称之为控制步骤。

甲铵脱水生成尿素的反应必须在液相中进行，即甲铵要呈熔融状态（或液体），这是尿素合成反应的首要条件。

二、氨基甲酸铵的性质

纯净的甲铵是带有浓烈氨味、无色透明的结晶体，而且很不稳定。在常压、不到 60℃的温度下就可完全分解为气体氨和二氧化碳。

$$NH_4COONH_2(s 或 l)\Longrightarrow 2NH_3(g)+CO_2(g)-Q$$

尿素合成反应的第一步要求生成液态甲铵，因此要了解尿素合成，首先必须了解甲铵的主要性质以及生成液态甲铵所必须具备的条件。

1. 甲铵的离解压力

① 研究甲铵离解压力的目的　就是为了研究尿素合成过程中液态甲铵生成的条件，以确保尿素合成反应顺利进行。

② 甲铵离解压力的定义　是指在一定温度条件下，固体或液体甲铵表面上氨与二氧化碳气相混合物的平衡压力。

③ 定义式为：　　　　$p_s=p_{NH_3}+p_{CO_2}$ 或 $p_l=p_{NH_3}+p_{CO_2}$

生产上为了防止生成的甲铵分解为氨和二氧化碳，所选择的生产操作压力必须高于其相应温度下的平衡压力，以保证第二步反应的顺利进行。

纯净的固体甲铵分解时，气相中的氨和二氧化碳的摩尔比为 2:1，即气相组成是固定的。因此甲铵的离解压力仅与温度有关。

④ 固体甲铵的离解压力随温度升高而急剧增加，其数学表达式如下：

$$\lg p_s=-2748/T+8.2753 \tag{1-18}$$

式中 p_s——固体甲铵在温度 T(K) 时的离解压力，大气压；

T——固体甲铵所处的热力学温度，K。

实验测得，固体甲铵在不同温度下的离解压力数值如图 1-9 所示。从图 1-9 可以看出，当温度为 59℃时，甲铵的离解压力为 0.1MPa，说明在常压下，甲铵在温度高于 59℃条件下是极易分解的。

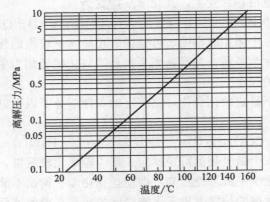

图 1-9 固体氨基甲酸铵的离解压力与温度的关系图

⑤ 液体甲铵的离解压力是很难准确测得的。因甲铵在受热一旦熔化时，便有部分甲铵转化成尿素和水，所生成的尿素和水分直接影响甲铵的熔点，影响测定的准确性。利用固体甲铵离解压力公式采用外推法近似求取液体甲铵的离解压力：

$$\lg p_l = -2346.58/T + 7.2789 \tag{1-19}$$

式中 p_l 代表在 T 温度条件下液体甲铵的离解压力，该法误差仍然较大，只能用于粗略计算。

2. 甲铵的熔化温度

一般认为纯甲铵的熔化温度在 152～155℃范围内，在工程设计和研究时一般选用 154℃作为甲铵的熔化温度。

甲铵在液态条件下才能脱水生成尿素，因此必须了解甲铵的熔化温度。甲铵的熔化温度尚无定值，其主要原因为，固体甲铵在加热过程中受到加热速度和甲铵脱水反应的影响，随着加热的进行，温度升高，将伴随甲铵脱水反应，脱水生成的尿素和水降低了甲铵的熔化温度，直接影响测定结果的准确性。

（1）当甲铵中含有尿素时对甲铵熔化温度的影响 当甲铵中含有尿素时甲铵的熔点会下降，如图 1-10 所示。当甲铵中含有 10%的尿素时，甲铵的熔化温度降低到 148℃；尿素含量增加至 20%时，甲铵的熔化温度降低到 138℃；在 98℃时出现最低共熔点，所对应的组成为 51%的甲铵和 49%的尿素。

（2）水对甲铵熔化温度的影响 从图 1-11 中曲线变化趋势可以看出，当甲铵中含有水分时，熔点也会下降，水的存在对甲铵熔化温度有较大影响，当甲铵溶液中含水 10%时，熔化温度降到 142℃，含水 20%时，熔化温度降到 120℃。另外，如图 1-11 所示，图中曲线以上区域为液相区，曲线下方为固液两相共存区，固相的组成随温度、甲铵及水的组成不同而不同，在曲线上出现最低共熔点 A 及两个转熔点 B 和 C。在 $-13 \sim 5℃$ 范围内，曲线 AB 表示碳酸铵的饱和曲线，当温度高于 5℃ 时，曲线 BC 表示 $(NH_4)_2CO_3 \cdot 2NH_4HCO_3$ 复盐的饱和曲线，曲线 CD 为甲铵的饱和曲线。

只有当温度高于 60℃ 时，才可能完全是甲铵与水组成的体系，才有机会生成尿素。

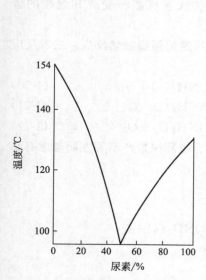

图 1-10　甲铵-尿素体系相图

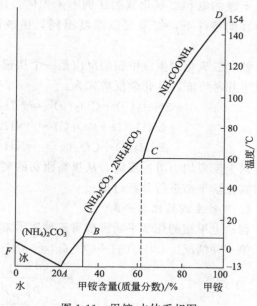

图 1-11　甲铵-水体系相图

3. 甲铵的溶解性

甲铵的溶解性主要指甲铵在水、液氨等中溶解度的变化规律。

（1）甲铵的水溶性　甲铵易溶于水。由图 1-11 可以看出，甲铵同其他铵盐一样易溶于水，在水中的溶解度随温度的升高而增大；当甲铵溶液达到一定浓度后，降低温度至 60℃ 以下时，甲铵就有可能转变为其他铵的碳酸盐。

（2）甲铵在液氨中的溶解情况　从图 1-12 可以看出，该图的纵坐标代表温度，横坐标代表氨和甲铵的质量分数（%）。

当温度低于 118.5℃ 时，甲铵几乎不溶于液氨中，温度在 118.5℃ 时其溶解度

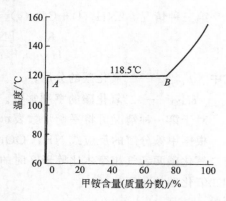

图 1-12　NH_3-NH_4COONH_2 二元体系相图

发生了较大变化，甲铵与液氨形成了两种共轭溶液：一种是以液氨为主体，其中溶有 3％甲铵的 A 溶液；另一种是以甲铵为主体，溶有 26％液氨的 B 溶液。当温度高于 118.5℃时，甲铵在液氨中溶解度迅速增大。

尿素的存在对甲铵的氨溶性的影响：尿素的存在会使甲铵在液氨中的溶解度增大，具有增加甲铵溶解度的作用。例如，当温度为 40℃时，甲铵在液氨中的溶解度小于 1％；当溶液中含有 35％尿素时，甲铵的溶解度将增加到 30％。

三、氨基甲酸铵的生成

干燥的氨和二氧化碳的比例不论如何，两者反应只能生成甲铵。但是，在有水存在的条件下，如果反应温度不同，生成的甲铵就有可能转变成其他铵的碳酸盐。

氨和二氧化碳生成甲铵的反应是一个快速的、可逆的强烈放热反应，二者反应有以下几种可能，其化学反应式为：

$$2NH_3(g) + CO_2(g) \Longleftrightarrow NH_4COONH_2(s) + Q_1 \tag{1-20}$$

$$2NH_3(l) + CO_2(l) \Longleftrightarrow NH_4COONH_2(l) + Q_2 \tag{1-21}$$

$$2NH_3(l) + CO_2(g) \Longleftrightarrow NH_4COONH_2(l) + Q_3 \tag{1-22}$$

以上反应均为可逆反应，从提高原料的利用率、提高尿素产率等方面考虑有必要对其化学平衡进行分析讨论。

1. 甲铵生成的化学平衡

理论上甲铵的化学平衡常数有三种表示方法：

第一种情况　　$2NH_3(g) + CO_2(g) \Longleftrightarrow NH_4COONH_2(s) + Q_1$

$$K_1 = \frac{1}{p_{NH_3}^2 \, p_{CO_2}}$$

式中　　p_{NH_3} 和 p_{CO_2}——分别代表氨及二氧化碳的分压。

第二种情况　　$2NH_3(g) + CO_2(g) \Longleftrightarrow NH_4COONH_2(l) + Q_2$

$$K_1 = \frac{[NH_4COONH_2]_l}{[NH_3]_l^2 [CO_2]_l}$$

第三种情况　　$2NH_3(l) + CO_2(g) \Longleftrightarrow NH_4COONH_2(l) + Q_3$

$$\frac{K_1}{H_{CO_2}} = \frac{[NH_4COONH_2]_l}{[NH_3]_l^2 \, p_{CO_2}}$$

式中　　p_{CO_2}——二氧化碳的分压；

　　　　H_{CO_2}——二氧化碳的亨利常数。

对于第一种情况可将平衡常数表示式简化为以下计算式。

根据甲铵分解的反应式 $NH_4COONH_2(l) \Longleftrightarrow 2NH_3(g) + CO_2(g)$，设 p_s 为氨与二氧化碳两者气相摩尔比等于 2 时的离解压力，并且假设 p_{NH_3} 和 p_{CO_2} 分别为氨和二氧化碳的分压。

因为 $p_s = p_{NH_3} + p_{CO_2}$

所以 $p_{NH_3}=\dfrac{2}{3}p_s$, $p_{CO_2}=\dfrac{1}{3}p_s$

则
$$K_1=\frac{1}{p_{NH_3}^2 p_{CO_2}}=\frac{1}{\left[\dfrac{2}{3}p_s\right]^2\left[\dfrac{1}{3}p_s\right]}=\frac{1}{\dfrac{4}{27}p_s^2}=\frac{27}{4}p_s^{-3} \qquad (1-23)$$

通过测定离解压力 p_s，可得到不同温度下甲铵的平衡常数 K_1 值，如图 1-13、图 1-14 所示。图中横坐标表示温度，纵坐标表示平衡常数 K_1 值。图中虚线为计算值与温度的关系，实线为实测值与温度的关系。

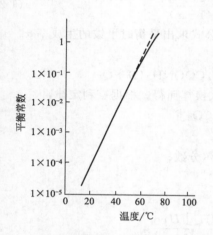

图 1-13　氨基甲酸铵体系平衡常数 (1)

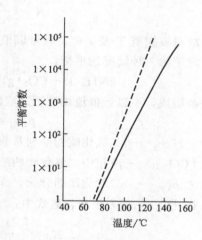

图 1-14　氨基甲酸铵体系平衡常数 (2)

图中说明，在温度为 20～60℃ 的范围内，计算与实测 K_1 值是一致的。但随着温度升高，K_1 值出现偏差。原因是高温下氨基甲酸铵要转化成尿素和水，使离解压力测量不准，K_1 值也就产生偏差。当温度在 10℃ 以下时，反应达到平衡用的时间很长，离解压力的测量变得更为困难。

对于第二种情况液相反应：
$$2NH_3(l)+CO_2(l)\Longleftrightarrow NH_4COONH_2(l)+Q_2$$
当反应达到平衡时，平衡常数可以表示为：
$$K_1=\frac{[NH_4COONH_2]_l}{[NH_3]_l^2[CO_2]_l} \qquad (1-24)$$

在 143～182℃ 温度范围内，平衡常数 K_1 与温度 T 的关系如下式所示：
$$\ln K_1=8200/T-13.24 \qquad (1-25)$$

只要知道平衡时的温度和反应前液相中的 $n(NH_3)/n(CO_2)$（摩尔比），就能计算出甲铵的生成量。

设反应前液相中二氧化碳为 1mol、氨为 a mol、二氧化碳转化为甲铵的生成率为 x，平衡温度为 T K。则：

反应前		反应达到平衡时	平衡浓度
摩尔		摩尔	摩尔
NH_3	a	$a-2x$	$(a-2x)/(a+1-2x)$
CO_2	1	$1-x$	$(1-x)/(a+1-2x)$
NH_4COONH_2	0	x	$x/(a+1-2x)$
总摩尔	$1+a$	$a+1-2x$	

将所列平衡浓度值代入平衡常数式中化简后可得：

$$K_1 = \frac{x(a+1-2x)^2}{(a-2x)^2(1-x)} \tag{1-26}$$

故只要知道 T 及 a 值，就可以根据以上公式求出平衡时甲铵的生成率 x。

对于第三种情况的平衡：

$$2NH_3(1) + CO_2(g) \Longrightarrow NH_4COONH_2(1) + Q_3$$

其平衡组成，可以近似地用液相反应的计算式换算而得，根据亨利定律，

$$p_{CO_2} = H_{CO_2}[CO_2]_1$$

式中　H_{CO_2}——二氧化碳的亨利常数，MPa；

　　　$[CO_2]_1$——液相中二氧化碳的浓度，摩尔分数；

　　　p_{CO_2}——二氧化碳的分压，atm。

将 $[CO_2]_1$ 代入平衡常数式中：

$$K_1 = \frac{[NH_4COONH_2]_1 H_{CO_2}}{[NH_3]_1^2 p_{CO_2}} \tag{1-27}$$

如果知道 K_1、p_{CO_2} 及 H_{CO_2} 值，可以计算甲铵生成率。

2. 甲铵生成的反应速率

① 常温下甲铵的生成反应进行得相当缓慢。

② 压力在 10MPa 以上，温度在 150℃ 以上的条件下，甲铵的生成几乎是瞬时完成并可达到平衡。反应达平衡时，液相中大部分二氧化碳以甲铵形式存在，小部分在液相呈游离态。

③ 压力对甲铵生成速率有很大影响。如果其他条件相同，根据测定可知，甲铵的生成速率几乎与压力的平方成正比。

④ 在一定范围内，提高温度也能提高甲铵生成速率。

因此，在合成尿素的工业生产过程中，采用较高的操作压力及与该压力相适应的操作温度，对提高甲铵生成速率和甲铵的稳定性，保证获得较高的尿素合成率是十分重要的。

四、甲铵脱水生成尿素

甲铵在尿素合成过程中有三种变化的可能性如下。

① 甲铵脱水反应：$NH_4COONH_2(1) \Longrightarrow CO(NH_2)_2(1) + H_2O(1) - Q$

评价：有利于尿素的合成。

② 甲铵分解反应：NH_4COONH_2（固或液）$\Longrightarrow 2NH_3(g) + CO_2(g) - Q$

评价：不利于尿素的合成，是尿素合成反应的倒退！

③ 甲铵水解反应：$NH_4COONH_2+H_2O \Longrightarrow (NH_4)_2CO_3-Q$

评价：不利于尿素的合成，也是尿素生产的倒退！

在一定温度和压力条件下，氨与二氧化碳反应生成甲铵，甲铵再脱水生成尿素。因脱水反应为尿素合成反应的控制步骤，故讨论甲铵脱水生成尿素的化学平衡和速率对指导尿素生产具有重要意义。

1. 甲铵生成反应的化学平衡

合成尿素的化学反应如下：

$$2NH_3(l)+CO_2(g) \Longrightarrow NH_4COONH_2(l)+Q_1 \qquad (1-16)$$

$$NH_4COONH_2(l) \Longrightarrow CO(NH_2)_2(l)+H_2O(l)-Q_2 \qquad (1-17)$$

总反应式　　$2NH_3(l)+CO_2(g) \Longrightarrow CO(NH_2)_2(l)+H_2O(l)+Q \qquad (1-15)$

甲铵生成的热效应大于甲铵脱水的热效应，尿素合成的总反应是一个体积缩小的、可逆的放热反应。在一定温度、压力条件下甲铵生成速率很快，易达化学平衡，而甲铵脱水生成尿素的反应主要在液相中进行，速率很慢，不易达到化学平衡，故甲铵的脱水反应为总反应的控制步骤。总体来讲，在一定温度、压力条件下氨与二氧化碳反应生成尿素，是一个慢速的、可逆的放热反应。另外，尿素的合成还是一个复杂的化学和物理平衡体系，故为了研究方便，可近似用合成总反应式来研究脱水反应的化学平衡。

当合成反应达到平衡时，平衡常数可表示为：

$$K_2 \approx K = \frac{[CO(NH_2)_2][H_2O]}{[NH_3]^2[CO_2]} \qquad (1-28)$$

（1）CO_2转化率的定义　实际生产中，尿素生成反应进行的程度常用二氧化碳转化成尿素的百分率来表示，即由液氨与气体二氧化碳合成尿素的反应进行到某时刻时，转化为尿素的二氧化碳量与二氧化碳总量的百分率表示，又叫瞬时转化率或即时转化率，该值有无数个值。

① 定义式：　　　$x_{CO_2} = \dfrac{转化成尿素的二氧化碳}{二氧化碳总量} \times 100\%$ 　　　(1-29a)

② 计算式：

$$x_{CO_2} = \frac{尿素的质量分数}{尿素的质量分数+1.365 \times 二氧化碳的质量分数} \times 100\% \qquad (1-29b)$$

式中　x_{CO_2}——二氧化碳转化率；

1.365——尿素分子量与二氧化碳分子量之比。

（2）平衡转化率的定义　在一定条件下，当上述反应达到化学平衡时的转化率为平衡转化率，这就是在该反应条件下所能达到的极限程度。

平衡转化率的求解方法：

① 公式法　可通过计算平衡常数的方法计算二氧化碳平衡转化率，K_2有三种情况的关系式可用来计算平衡转化率。

a. 按理论化学平衡［既没有过量氨：$n(NH_3)/n(CO_2)=2$，又没有外加水：$n(H_2O)/n(CO_2)=0$］计算：即取3mol原料为基准，将反应前后各组分的摩尔数列表如下：

	反应前/mol	反应达平衡时/mol	平衡浓度
NH_3	2	$2-2x$	$(2-2x)/(3-x)$
CO_2	1	$1-x$	$(1-x)/(3-x)$
$CO(NH_2)_2$	0	x	$x/(3-x)$
H_2O	0	x	$x/(3-x)$
总计	3	$3-x$	$x/3-x$

将平衡时各个组分的浓度代入平衡常数表达式中，化简后得：

$$K_2 = \frac{x^2(3-x)}{4(1-x)^3} \tag{1-30}$$

$$K_2 = \frac{5335}{T} - 7.5 \tag{1-31}$$

解题思路：
$$T \rightarrow K_2 \rightarrow x$$

通过上式可以解出 x 随 K_2 的变化关系式，而 K_2 在一定压力下只是温度的函数，故可利用该式计算不同温度下二氧化碳的平衡转化率，但计算结果只代表 $n(NH_3)/n(CO_2)=2$ 时的转化率值。

b. 按既有过量氨 $[n(NH_3)/n(CO_2)>2]$，又有外加水 $[n(H_2O)/n(CO_2)\neq0]$ 存在的化学反应平衡来计算

取 $1molCO_2$ 为计算基准，如反应原料采用过量氨，并且回收甲铵液带入一定量水。设氨与二氧化碳的摩尔比 $n(NH_3)/n(CO_2)=a$，水与二氧化碳的物质的量比 $n(H_2O)/n(CO_2)=b$，则反应前后体系各组分的关系为：

	反应前/mol	反应达平衡时/mol	平衡浓度
NH_3	a	$a-2x$	$(a-2x)/(1+a+b-x)$
CO_2	1	$1-x$	$(1-x)/(1+a+b-x)$
$CO(NH_2)_2$	0	x	$x/(1+a+b-x)$
H_2O	b	$b+x$	$(b+x)/(1+a+b-x)$
总计	$1+a+b$	$1+a+b-x$	

将各组分平衡浓度代入平衡常数表达式中，化简后得关系式：

$$K_2 = \frac{x(b+x)(1+a+b-x)}{(1-x)(a-2x)^2} \tag{1-32}$$

$$K_2 = \frac{5335}{T} - 7.5 \tag{1-31}$$

解题思路：$T \rightarrow K_2$（又知 a、b）$\rightarrow x$

利用上式可计算有过剩氨和回收甲铵液时，在各种温度下反应的平衡转化率，但上式忽略了气液物理平衡的影响，只反映液相的化学平衡关系。

c. 按实际生产的反应平衡 [既有过量氨：$n(NH_3)/n(CO_2)>2$，又有外加水：$n(H_2O)/n(CO_2)\neq0$ 存在，且游离态二氧化碳为 c mol] 来计算

取 $1molCO_2$ 为计算基准，设体系中 $n(NH_3)/n(CO_2)=a$，$n(H_2O)/n(CO_2)=b$，游离态二氧化碳为 c mol，则反应前后体系各组分的关系为：

	反应前/mol	反应达平衡时/mol	平衡浓度
NH_3	a	$a-2(1-c)$	$[a-2(1-c)]/(a+b+2c+x-1)$
CO_2	1	c	$c/(a+b+2c+x-1)$
H_2O	b	$b+x$	$(b+x)/(a+b+2c+x-1)$
$CO(NH_2)_2$	0	x	$x/(a+b+2c+x-1)$
NH_4COONH_2	0	$1-c-x$	$(1-c-x)/(a+b+2c+x-1)$
总计	$1+a+b$	$a+b+2c+x-1$	

在尿素生产过程中，合成的尿素溶液中除了生成的尿素外，还有未反应的氨、二氧化碳以及未转化成尿素的液相甲铵。因此，二氧化碳的转化率由甲铵、尿素、水、游离氨及二氧化碳的平衡量来决定。

将各组分平衡浓度代入平衡常数表达式，化简后得：

$$K_2=\frac{x(b+x)(a+b+2c+x-1)}{(a+2c-2)^2c} \tag{1-33}$$

平衡常数只是温度的函数，其关系式为：

$$K_2=\frac{5335}{T}-7.5 \tag{1-31}$$

解题思路：$T \rightarrow K_2$（又知 a、b、c）$\rightarrow x$

根据平衡常数 K_2 与温度的关系，在已知过剩氨量和回收甲铵水量，以及溶解态的二氧化碳量即可求得各种温度下的平衡转化率。但是，由于用分析的方法测定游离态二氧化碳尚有较大困难，故用上述导出的公式来计算实际的平衡转化率还不现实，仅为分析和理论推导。

由于尿素合成反应体系较为复杂，不仅存在化学平衡，还有氨、二氧化碳等物质的气液平衡，液相偏离理想溶液又很大，故难以用平衡方程式和平衡常数公式准确地计算出平衡转化率。在工艺计算中，常采用简化的计算方法通过校正，作出图表或用经验公式，甚至有时采用实测值来计算平衡转化率。

② 算图法。

a. 弗里扎克平衡转化率算图法

进行工程计算有时要用到弗里扎克算图，如图 1-15 所示，该算图是根据质量作用定律，以式（1-32）为依据而作出的，当 $a=2$，$b=0$ 时，即成为式（1-31），随着 $n(NH_3)/n(CO_2)$ 偏离 2，误差在逐渐增大，这是因为只把物系看作为单一液相，与实际相差较远，用弗里扎克算图算得的二氧化碳平衡转化率一般偏低实际值 10% 左右。但在工业生产中，尿素合成塔中二氧化碳的实际转化率接近平衡转化率的 90%，故用弗氏算图来计算尿素合成塔的实际转化率还是较为适宜的。图 1-9 是在实际生产中有过量氨和外加水存在的情况下，二氧化碳的平衡转化率与温度的关系图，横坐标为 $n(NH_3)/n(CO_2)$（摩尔比），在坐标原点 O 以上的纵坐标为（摩尔比），在 O 点以下的纵坐标表示反应温度，图的中间是一系列温度线和转化率线。如果已知原始物料中 $n(NH_3)/n(CO_2)=a$，$n(H_2O)/n(CO_2)=b$，以及反应温度，首先在横坐标上和纵坐标上找出对应的 a 和 b，并分别对横坐标和纵坐标作垂线，所得两条垂线的相交点即为加料状态点。在纵坐标上找出反应温度点与加料状态点连接，并将连线延长，使之与图中对应的等温线相交，所得交点相对应的转化率即为该条件下二氧化碳的平衡转化率。

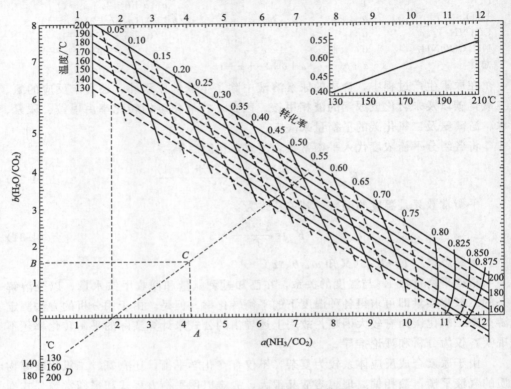

图 1-15　弗里扎克平衡转化率算图

例如，已知原料配比为 $n(NH_3)/n(CO_2)=4.2$，$n(H_2O)/n(CO_2)=1.55$，反应温度为 180℃，按上述方法，从图中找出该条件下二氧化碳的转化率为 50%。

b. 马罗维克平衡转化率算图法

如图 1-16 为马罗维克转化率算图，也常用于工程计算。马罗维克在弗里扎克算图的基础上对弗里扎克算图进行了修改，因而比弗里扎克算图更为准确，特别对于高效的尿素合成塔，更接近于实际情况。必须指出，马罗维克算图的依据仍然是忽略了气-液两相的共存，将体系视为单一液相，同时也忽略了甲铵的存在及其浓度变化等因素对二氧化碳转化率的影响，因而计算结果也有一些误差。

如图 1-16 所示马罗维克算图中有五根标尺线，一组参数曲线 b 和一个参考数点 P，五根标尺线分别表示温度（℃），$n(H_2O)/n(CO_2)$（b），平衡常数 K_2，平衡转化率（$x\%$）及 $n(NH_3)/n(CO_2)$（a）。要确定一个反应体系的平衡转化率时，首先根据反应温度在标尺 1 上找到相应温度点 A，将温度点 A 与参考点 P 相连并延长连线与标尺 3 相交于 B 点，所得交点 B 的读数即为该温度下的反应平衡常数。然后在标尺 2 上找出水碳比为 b 的点 C，在标尺 5 上找出氨碳比为 a 的点 D，连接

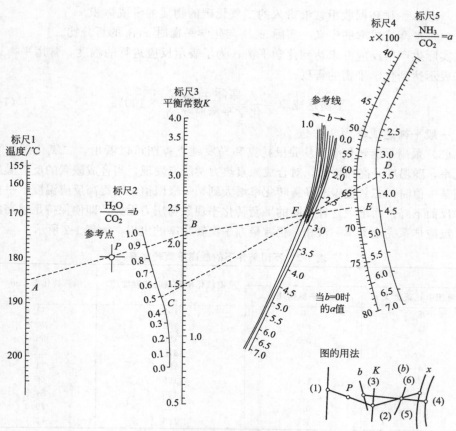

图 1-16 马罗维克平衡转化率算图

C 和 D 两点，CD 连线与参数曲线中代表同一 b 值的一条曲线相交于点 F，最后将平衡常数 B 点与参数曲线交点 F 相连，延长其连线与标尺 4 相交于 E 点，E 点所对应的数值即为该条件下体系达到平衡时的转化率。

[例题 1] 某尿素合成过程中原料配比为 $n(NH_3)/n(CO_2)=3.6$，$n(H_2O)/n(CO_2)=0.5$，反应温度为 185℃，按上述步骤，可从马罗维克算图中找出该条件下的二氧化碳的转化率为 67%。

[例题 2] 某尿素合成过程中原料配比为 $n(NH_3)/n(CO_2)=2.89$，$n(H_2O)/n(CO_2)=0.34$，反应温度为 183℃，按上述步骤，可从马罗维克算图中找出该条件下的二氧化碳的转化率为 62%。

除用算图计算二氧化碳平衡转化率外，还可使用经验公式来算平衡转化率。

(3) 二氧化碳实际转化率的估算　生产上常用下述公式来估算二氧化碳的实际转化率：

$$实际\ x_{CO_2} = \frac{n_1}{n_1 + n_2} \times 100\% \tag{1-34}$$

式中　n_1——二氧化碳压缩机送入尿素合成塔的二氧化碳的物质的量或体积；

n_2——循环回收甲铵液带入的二氧化碳的物质的量或体积。

（4）平衡达成率的定义　实际 x_{CO_2} 与化学平衡时 x_{CO_2} 的百分比。

实际生产中反应并未达到化学平衡，为了表示反应进行的程度，常用平衡达成率来表示达到化学平衡的程度。

$$平衡达成率 = \frac{实际\ x_{CO_2}}{化学平衡时\ x_{CO_2}} \times 100\% \qquad (1-35)$$

一般平衡达成率为 90% 左右。

（5）最高平衡转化率　从弗里扎克和马罗维克算图可以看出，二氧化碳的平衡转化率，随温度升高而增大，对合成尿素热力学研究发现，当合成尿素的反应温度升高到某一值时，二氧化碳的平衡转化率增大到某一极限值，再提高反应温度，平衡转化率反而下降。而出现这种最高的平衡转化率现象与压力无关，即使保持足够高的压力，反应体系完全为单一液相，仍有最高平衡转化率的出现，如表 1-2 所示。

表 1-2　不同条件下的最高平衡转化率

条　　件		平衡转化率最高时的温度/℃	最高转化率 x_{CO_2}/%
液相中氨碳比 a	液相中氨碳比 b		
3	0	193	74.6
3	0.2	192	70.9
3	0.5	190	65.6
4	0	191.5	82.2
4	0.5	188	74.4
4	1.0	185	66.5
5	0	190	84.3
5	0.5	186.5	79.3
5	1.0	183	73.1

出现最高平衡转化率的原因，可用化学平衡移动原理得到解释。随着反应温度升高，一方面液相中甲铵吸热脱水转化为尿素的数量增加。另一方面液相中的甲铵吸热又越来越多地分解为游离氨和二氧化碳，故使液相中甲铵不断减少。另外，随着尿素不断生成，体系中水含量逐渐增加，而促使尿素在高温下水解，这两个趋向相反的过程就会导致在某一温度下出现最高的平衡转化率。

最高平衡转化率的发现，对实现工业生产最佳化操作条件的选择具有指导意义，但确定最佳操作温度时不仅要考虑化学平衡，还要考虑反应速率以及如何抑制副反应发生等其他问题。

2. 尿素合成的反应速率

从生成尿素的反应机理可知，甲铵脱水速率缓慢，是尿素合成总反应的控制步骤，尿素合成的速率取决于甲铵的脱水反应速率。但甲铵脱水反应在气相中不能进行，在固相中反应速率很慢，只有在液相中反应速率较快，故甲铵脱水生成尿素的反应必须在液相中进行。甲铵脱水速率与温度的关系如图 1-17 所示。

由图 1-17 中曲线的变化趋势可以看出，反应初期，在较低温度下，甲铵熔点较高，反应速率较低，转化率变化缓慢。随着反应进行，尿素和水生成，反应速率

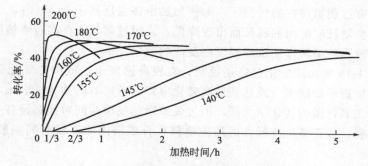

图 1-17　甲铵脱水反应速率与温度关系图

逐渐加快，转化率变化加大，其原因是当尿素和水生成时，降低了甲铵的熔点，起到了自催化的作用；当温度较高时，一开始反应速率就明显加快，因为这时转化率较低，反应物浓度较大，反应推动力大，使反应速率增长较快，但随着转化率的增大，生成的水量也在不断增加，反应物浓度逐渐减小，生成物的浓度逐渐增大，逆反应速率越来越大，最后在一定条件下正逆反应达到相等而平衡。

从图 1-17 中还可看出，甲铵脱水生成尿素的速率（或二氧化碳转化率增长速率）随着反应温度的增高增加很快，如在 140℃ 时，265min 内转化率达到 40%；当温度提高到 200℃ 时，达到相同的转化率只需 2min，速率增加 130 倍。若保持相同的反应时间，转化温度越高，转化率也越高。但在高温下反应时间过长，转化率达到极大值后，迅速下降，这是因为尿素在长时间高温条件下水解及缩合等副反应开始占主导地位所致。

另外，甲铵脱水反应速率还与反应体系中过剩氨量（E）的大小有关，如图 1-18所示。比较图 1-17 和图 1-18 可以看出，两图的曲线变化趋势基本相同，所不

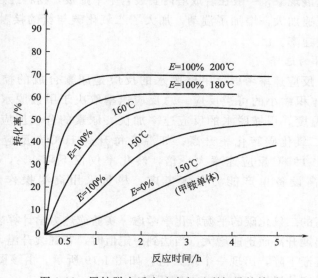

图 1-18　甲铵脱水反应速率与过剩氨量的关系

同的是，在有过剩氨存在的情况下，即使加热甲铵温度高于 200℃时，二氧化碳的转化率也不会随反应时间的延长而出现降低，说明过剩氨的存在对甲铵脱水反应转化率降低有较强的抑制作用或抑制了副反应的发生。

分析图 1-18 中曲线变化趋势还说明，在较高温度下，氨和二氧化碳在合成塔中的反应，接近平衡状态（或达到最高转化率）时所需时间约为 50min，如果反应时间过短，二氧化碳的转化率太低，但过长地增加反应时间对提高设备生产能力和产品质量不利，故正常生产操作时反应物料在合成塔内的停留时间一般选择为 1h 左右。

任务二　识读尿素合成的工艺条件

选择原则：尿素合成的工艺条件的选择不仅要满足液相反应和自热平衡，而且还要满足在较短的反应时间内达到较高的转化率，尽可能实现低耗和高产。

选择内容：根据前述尿素合成的基本原理可知，影响尿素合成的主要因素有温度、原料的配比（氨碳比和水碳比）、压力、反应时间等。

二氧化碳气提法的合成和气提生产工段由合成塔、气提塔、高压冷凝器和高压洗涤器四个高压设备组成，这一工段是二氧化碳气提法的核心部分（因循环、蒸发以及吸收与一般法差别较小），这四个设备的操作条件应统一考虑，以期达到尿素的最大产率和最大限度地回收反应热，多副产蒸汽。

在工业生产上尿素合成塔内由于物料温差、密度等因素的差异产生了返混现象。返混的结果，是使合成塔上部尿素含量较多的物料与底部尿素含量较少的物料混合，这不仅降低了出口物料中尿素的浓度，而且由于顶部生成的尿素和水返回底部使反应速率减小。因此，在直径大、高径比小的合成塔中必须防止返混现象的出现。为了防止返混现象，一般在合成塔内安装若干个筛板，物料经过筛板时由于流动断面缩小，流速加大，增加了湍动，加大了二氧化碳与氨的接触面积或接触概率，加快了反应速率。

1. 温度条件的选择

（1）从最快反应速率考虑　甲铵脱水的反应是尿素合成的控制步骤，它是一个微吸热、体积缩小的可逆反应。总反应速率取决于甲铵脱水的速率。升高合成塔内操作温度，甲铵脱水的反应速率加快，尿素的合成反应速率加快，平衡常数增大，二氧化碳转化率升高。如温度每升高 10℃，反应速率约增加一倍，如 200℃比 190℃反应速率大一倍，转化率仅仅下降 1%，因此，从提高反应速率或提高设备单产能力角度考虑，尽量采用高温操作对该合成反应有利。

（2）从最高的二氧化碳的平衡转化率考虑　实验或热力学计算表明，反应初期平衡转化率随温度升高而迅速增大，当达到一定值时，若继续升温，平衡转化率不仅不增加反而逐渐下降，出现一个最大值，如图 1-19 所示。由该图可知，出现最高平衡转化率对应的温度在 190～200℃范围内。

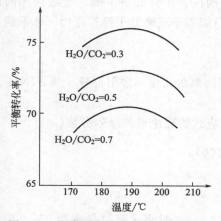

图 1-19　尿素平衡转化率与温度的关系
$[n(\mathrm{NH_3})/n(\mathrm{CO_2})=4]$

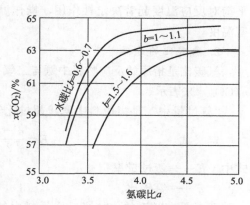

图 1-20　不同氨碳比和水碳比时
CO_2 转化率实测数据

由此可见，在一定的温度范围内，提高反应温度，可以加快甲铵的脱水速率，有利于二氧化碳平衡转化率提高。但温度过高又会带来不良效果，如平衡转化率反而下降，这是由于甲铵脱水的逆反应速率加快即甲铵在液相中分解成氨和二氧化碳。同时，由于尿素长时间处在高温条件下加剧了水解、缩合等副反应的发生，水解反应引起设备生产能力降低，加大后工序负荷，尿素缩合反应加剧还会使产品质量下降；另外，过高的操作温度还会引起合成系统平衡压力升高，致使合成系统压力相应提高，压缩功耗增大。

（3）从合成塔衬里材料耐腐蚀能力考虑　不同衬里材料，允许采用的合成塔操作温度不同，如表 1-3 所示。

表 1-3　不同衬里材料允许采用的合成塔操作温度

衬里材料	合成塔操作温度/℃	衬里材料	合成塔操作温度/℃
铅	160～175	钛	200
AISI 316L 不锈钢	190	锆	200～230

更主要的是温度对材料的腐蚀影响是十分敏感的，随着反应温度升高，当超过某一温度时，反应混合物对合成塔衬里的腐蚀速率加快，合成塔温度条件的选择是以材料耐腐蚀能力作为主要因素来考虑的。

（4）从最低的尿素生产成本考虑　197～199℃是转化率最高，成本最低的。

结论：选塔温，看衬里。

目前，国内中型尿素厂合成塔衬里材质大部分采用 00Cr17Ni13Mo2（316L）不锈钢。在加氧保护的情况下操作温度为 185～190℃。大型尿素厂从日本引进的改良 C 法合成塔衬里为金属钛材料，可在 200℃温度下长时间操作。

结论：综合进行考虑，目前应选择略高于最高平衡转化率时的温度进行操作，故尿素合成塔上部温度一般在 $185\sim200℃$ 范围内。在合成塔下部，气液两相间的平衡对反应温度起着决定性作用，操作温度只能等于或略低于操作压力下体系的平衡温度。

2. 氨碳比的选择

氨碳比是指原始反应物料中氨与二氧化碳的摩尔比值，常用符号 a 或 $n(NH_3)/n(CO_2)$ 来表示。

"氨过量率"是指原料中氨量超过化学反应式的理论量的摩尔分数。

定义式：
$$E=\frac{a-2}{2}\times100\%$$

式中　E——氨过量率；

　　　a——氨碳比。

两者是有联系的，如当反应物料中氨碳比 $a=2$ 时表示氨过量率为 0%；而氨碳比 $a=4$ 时，表示氨过量率为 100%。

经研究和生产实践表明以下几点。

（1）氨过量，有利于尿素的合成。

① 合成采用过量氨能提高二氧化碳的转化率。由化学平衡移动理论可知，加入过量的氨（或称之为过剩氨）能促使二氧化碳进一步转化即加大反应物的浓度平衡向右移动，并且过剩的氨还能与脱出的自由水结合成化合态水（$NH_3\cdot H_2O$），使反应生成的水排除于反应之外，这就相当于移去了部分产物，促使化学反应平衡向生成尿素的方向移动。所以，增大过剩氨量，平衡转化率增大（如图 1-20 所示），因此工业生产上均采用氨碳比大于 2 的条件进行操作。

② 另外，过剩氨还能抑制甲铵的分解、尿素的水解和缩合等有害副反应发生，有利于保持二氧化碳转化率在较高水平。

③ 采用过剩氨还能加快甲铵的脱水速率。因为过剩氨脱去了生成尿素时产生的游离水，生成化合态氢氧化铵，降低了水的活度，从而抑制了甲铵脱水反应的逆反应。

④ 另外，有过剩氨存在时还有利于合成塔内反应体系的自热平衡，使尿素合成能在较适宜的温度下进行。

⑤ 过剩氨还可减轻合成反应液对生产设备的腐蚀，抑制尿素水解和缩合反应的进行，有利于提高尿素的产量和质量。

（2）但过剩氨量也不能太高，否则将造成

① 合成塔温度迅速下降；

② 大量的氨需要进行回收循环，加大了分离工序的操作负荷；

③ 使循环能耗加大，反而增大了生产成本，降低了设备产能。

氨碳比的大小对反应体系气液两相的物理平衡也产生影响。如图 1-21 中，曲线 ab 为不同温度下反应体系的最低平衡压力值的连线。如果选择该范围的氨碳比，即使采用较低的操作压力也可以达到较高的反应温度，并使 NH_3 和 CO_2 充分地转移到液相中，保证合成反应顺利进行。由图可知最佳氨碳比在 2.8～4.2 范围内。

从以上分析可知：提高氨碳比不仅有利于加快甲铵脱水，提高二氧化碳平衡转化率，还可抑制甲铵分解、尿素的水解以及尿素的缩合等副反应。但氨碳比也不能过高，过高的氨碳比必将导致氨的转化率太低，造成大量的过剩氨在生产系统中循环，必然加大分离和回收设备的负荷，造成能耗增大，设备生产能力下降。当氨碳比 $a \geqslant 4.5$ 时，如继续增大氨碳比对二氧化碳转化率的提高作用已不太明显，过高的氨碳比还会使合成系统的平衡压力升高，操作压力增大，压缩功耗增加，对设备材质要求相应提高，不安全因素加大。

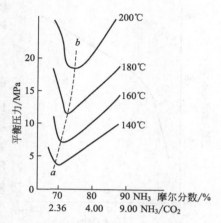

图 1-21　不同温度下，NH_3 与 CO_2 混合物的平衡压力

结论：通过综合考虑，二氧化碳气提法尿素生产流程中因设有高压甲铵冷凝器可移走部分反应热并副产蒸汽，从相平衡及合成系统压力考虑，其氨碳比一般选择在 2.8～2.9 范围内。

3. 水碳比的选择

水碳比是指合成塔进料中水与二氧化碳的摩尔比，常用符号 b 来表示。合成塔中水的来源由两部分组成：

① 伴生水。尿素合成反应中甲铵脱水生成尿素时的副产物。

② 外加水。现有各种水溶液全循环法中，一定量的水会随同回收来的未反应的氨和二氧化碳以甲铵水溶液的形式返回合成塔中。

从化学平衡移动原理可知：

① 水量增加对尿素的合成反应起着不良的作用，不利于尿素的形成。即不利于甲铵脱水生成尿素，而有利于尿素和甲铵的水解。如合成塔内反应物料温度在 188℃ 时，水碳比 $n(H_2O)/n(CO_2)$（摩尔比）每增加 0.1，二氧化碳转化率下降约 1%，这样就造成未转化物量增加，使未转化物回收系统需要更多的水来吸收分解气中的氨和二氧化碳，吸收后的水溶液再返回合成塔，使进入合成塔的水量增加，引起进料中 $n(H_2O)/n(CO_2)$（摩尔比）增高，二氧化碳转化率下降。

② 进塔物料中的水碳比（摩尔比）取决于回收甲铵液所带入的水量。在工业生产中，如果返回水量过多还会影响到合成系统的水平衡，从而引起合成、循环系统操作条件的恶性循环。但是，水的存在对提高反应体系液相的沸点是有好处的，特别是在反应初期能加快反应速率，但从总体上讲，通过提高水碳比来加快反应速率弊多利少。在实际生产中，总是力求控制水碳比降低到最低限度，以提高回收甲铵液浓度，提高二氧化碳转化率。

结论：在二氧化碳气提法中，气提分解气在高压甲铵冷凝器中冷凝产生高浓度的甲

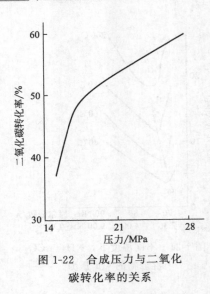

图 1-22 合成压力与二氧化
碳转化率的关系

铵溶液，使返回尿素合成系统的甲铵溶液中水量较少，因此水碳比一般控制在 0.3~0.4 范围内。

4. 操作压力的选择

① 尿素合成总反应是一个体积缩小的反应，因而提高操作压力对合成尿素有利，二氧化碳转化率随压力增加而增大，如图 1-22 所示。在一定温度和物料配比的情况下，合成体系存在一个平衡压力，工业生产所采用的操作压力一定要高于体系的平衡压力，以保证反应体系基本以液相状态存在，这样，有利于气相中氨和二氧化碳的溶解和冷凝转移至液相，以减小气相容积，增大液相量和液相密度，才有利于甲铵脱水生成尿素，有利于合成塔生产能力的提高。

② 但合成压力也不能过高，因压力与尿素转化率的关系并非直线关系，当压力升高到一定值时，尿素转化率逐步趋于一个定值，压力再升高，压缩的动力消耗增大，生产成本加大，同时在高压下尿素混合液对设备的腐蚀也进一步加剧，对设备材质的耐压要求也相应提高。

实际生产中由于反应物料在合成塔内的停留时间受到限制，使反应物料在出塔前的气液之间与化学反应都不可能达到完全平衡状态，所以一般塔顶物料的蒸气压要比达到平衡时的平衡压力高 1~3MPa。另外生产中进入合成塔内的二氧化碳气体其纯度不是 100%，而且为了合成塔内衬里的防腐还必须加入一部分空气或氧气，这样使塔顶气相中增加了惰性气体的分压。根据上述情况分析可知，选择的合成塔的操作压力应大于塔顶物料的蒸气压力，这样才不会使反应物料中的甲铵分解和过剩氨从液相中大量逸出。一般来讲操作压力升高，合成塔中二氧化碳转化率升高，但是操作压力不能无限升高，因压力升高到一定值后再上升时，二氧化碳转化率上升不明显，但随着操作压力的升高，动力的消耗也随之增加，生产对合成塔的材质和结构要求也更高。因此操作压力的选择是以合成塔顶物料的平衡压力为基准，要高于平衡压力的 20% 左右。

结论：对于二氧化碳气提法，为降低动力消耗，采用了一定温度最低平衡压力下的氨碳比，在 183℃ 左右，最低平衡压力为 12.5MPa，与之对应的 $n(NH_3)/n(CO_2)$ 为 2.85，故二氧化碳气提法操作压力一般选择为 14MPa 左右。不同工艺流程的操作压力的选择如表 1-4 所示。

表 1-4 不同工艺流程的操作压力选择

工艺流程	进料氨碳比	塔顶温度/℃	塔顶平衡压力/MPa	操作压力/MPa
水溶液全循环改良 C 法	4	200	20	23~25
二氧化碳气提法	2.89	190	12	13.9
氨气提法	3.35	183	13	15.1

5. 反应时间的选择

在一定温度和压力条件下，甲铵生成反应速率极快，而且反应比较完全，但甲铵脱水反应速率较慢，并且反应很不完全。所以尿素合成反应时间主要是指甲铵脱水生成尿素的反应时间。

从甲铵脱水生成尿素的速率曲线（如图1-17和图1-18）看出，甲铵脱水速率随温度升高和氨碳比加大而加快，开始时反应物浓度大，反应速率较快，随着反应进行，CO_2转化率的增加，反应速率逐渐减慢。

① 为了使甲铵脱水反应进行得比较完全，就必须使反应物料在合成塔内停留足够的时间。

② 然而，过量延长反应时间，要求设备容积相应增大，或生产能力下降，这是很不经济的。同时，在高温下，反应时间太长，甲铵分解成氨和二氧化碳的可能性增加，尿素缩合以及水解反应加剧，同时合成反应物料对设备的腐蚀也加剧。另外，由图1-23中曲线变化可以看出，反应时间过长，二氧化碳转化率增加很少，甚至不变。由图1-23还可以看出，尿素合成反应时间在40min之内，停留时间对转化率有明显的影响，反应时间太短，转化率明显不高。但物料停留时间超过1h，转化率增长速率缓慢，几乎不发生变化。

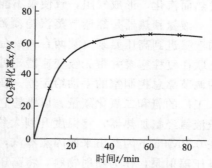

图 1-23 反应物料在合成塔内停留
时间与转化率的关系

根据以上分析，工业上主要考虑，在选择的温度、压力和物料比等条件下，保证合成塔出口二氧化碳的转化率接近平衡转化率。同时要考虑使用较小的反应设备容积，产生最大的生产能力等因素来确定反应时间。对于反应温度为180～190℃的装置，一般反应时间选择为40～60min，其转化率可达平衡转化率的90%～95%。对于反应温度为200℃或更高一些的装置，反应时间一般选择为30min左右，其转化率也可接近平衡转化率。全循环二氧化碳气提法，反应时间40～50min，二氧化碳转化率约为53%。

任务三 解读尿素合成的工艺流程

虽然尿素生产工艺种类很多，但在原料的供给方面区别较小。

从合成氨工厂来的二氧化碳气体与工艺空气压缩机供给的一定量的空气混合，空气量为二氧化碳体积的4%，经气液分离器进到压缩机，混合气中的液滴从分离器排出。分离器设高位报警，当液位上升，引起高液位报警，经过一定的延时之后，如液面继续上升，压缩机即自动停车；分离器还设有低压报警。二氧化碳气中含氧量在二氧化碳压缩机二段进口自动分析。将结果记录在主控室仪表盘上，二氧化碳压缩到14.4MPa（绝压）后送到合成工段。

液氨从氨罐（或氨球罐）送到两台（一用一备）液氨升压泵入口，温度约3℃，压力为0.4MPa。但进泵的静压头至少在35m以上，以保证入口处液氨不会汽化，经升压泵升到2.5MPa去合成尿素的氨预热器，温度升至40℃左右，然后进到高压氨泵入口。这时液氨压力为2.3MPa，过冷15℃，此为高压氨泵入口条件。升压泵的流量受到高压氨泵流量的控制（因为没有缓冲缸装置），在一定的流量范围内可以进行自调。升压泵出口除有主管道合成尿素外，还有副线，接到液氨储罐气相空间，在总控制室装有操作开关，当该泵备用时（或高压氨泵停车时），此副线阀打开，使泵出口管充满液氨以便随时启动，不致因泵突然启动形成汽化而使泵不能正常运行。在正常运行时，此副线阀是关闭的。当高压氨泵突然停车，而升压泵仍在运行，此时副线阀必须迅速打开，否则液氨无输出，在泵内循环，将因发热而汽化，形成气阻，致使泵不能正常运行。

液氨预热器是靠调节蒸汽冷凝液量来控制温度的，以回收废热。预热到40℃的液氨进到高压氨泵（共两台，一台备用）升压到1.8MPa，高压氨泵是电动立式七联往复柱塞泵并带无级变速器，可以在负荷35%～110%这个范围内变化，速度的调节靠总控制室的手动给定值。在总控室有流量记录器，从这个记录器来判断进入工厂的氨和二氧化碳量，以维持它们在正常生产时的物质的量比为2.05∶1。高压液氨经氨加热器，将温度升到大约70℃，加热器的热源是来自中压蒸汽冷凝液在0.2MPa下闪蒸出来的闪蒸蒸汽，以使废热得到利用。经过加热的高压液氨送到高压喷射泵，作为喷射物料，将高压洗涤器的甲铵带入高压冷凝器。从氨升压泵到高压氨泵之间设有3.5MPa的安全阀，高压氨泵后设20MPa的安全阀，以保护设备安全。

二氧化碳气提法尿素合成的工艺流程参见本章项目四任务二的相关内容。

任务四 解读尿素合成的主要设备

合成尿素的主要设备有高压甲铵冷凝器和尿素合成塔。

一、高压甲铵冷凝器

高压甲铵冷凝器的结构如图1-24所示。它是一个直立壳管式高压换热器，为了使入塔上部的气液物料充分混合进行反应，设有液体分布器。冷凝器上部接有四个蒸汽包，为防止管束变形而设有8个管架将管束固定起来，壳体中部还设有膨胀节，管材为316L不锈钢。高压甲铵冷凝器的作用是把气提塔来的CO_2、NH_3和喷射泵送来的液氨和甲铵液加以混合冷凝，利用反应放出热量副产低压蒸汽。一般每生产1t尿素，能副产近1t的0.4MPa低压蒸汽。

甲铵冷凝率取决于热量的移出，热量移出多，甲铵冷凝率高。热量移出多少可用副产蒸汽压力来调节，甲铵冷凝率控制在80%左右，还有约20%未冷凝的氨和CO_2气体进入合成塔再去生成甲铵，放出的热量提供给甲铵脱水生成尿素所需的热量，达到自热平衡。在高压甲铵冷凝器底部，气液相分两路进入合成塔，避免气液相走同一管线而增加流动阻力，并避免采用大口径的高压管线，降低制造成本。

氨、CO_2 在高压甲铵冷凝器的列管内不断冷凝生成甲铵，放出的热量使壳程从低压蒸汽包来的蒸汽冷凝液汽化，产生低压蒸汽再返回低压蒸汽包，再进入低压蒸汽管网。在壳程的底部设有 0.8MPa 蒸汽加入口，当合成塔短停封塔时，须由此补入蒸汽以维持汽包压力，保持高压甲铵冷凝器内甲铵温度，同时可使壳侧热水循环运动，防止局部温度降低。目前高压甲铵冷凝器换热管（$\phi 25 \times 2.5 \times 12000$）普遍采用的材质为 00Cr25Ni22Mo2，其他所有与工艺介质接触的部件或衬里均采用尿素级316L 不锈钢。正常生产时，主要通过高压甲铵冷凝器壳侧蒸汽压力来控制甲铵冷凝率。如果壳侧蒸汽压力高，高压甲铵冷凝器列管内外温差减小，甲铵冷凝量减少，在合成塔内甲铵的生成量就增加，过多的热量使尿素合成压力和温度升高，反之则温度压力下降。壳侧蒸汽压力与生产负荷有关。高负荷时甲铵生成量增多，为移走更多的反应热需要降低壳侧蒸汽压力，否则尿素合成压力和温度就会升高。反之，低负荷时就应提高壳侧蒸汽压力，否则尿素合成压力和温度就会下降。一般 70% 负荷

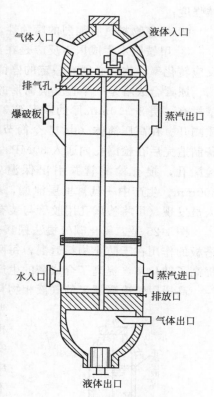

图 1-24　高压甲铵冷凝器

蒸汽压力为 0.45MPa，100% 负荷蒸汽压力应降为 0.35MPa。水含量的增加可以提高甲铵冷凝温度，有利于多产低压蒸汽。甲铵最高冷凝温度的氨碳比为 2.38，但为了满足尿素合成和气提的需要，进入高压甲铵冷凝器的氨碳比为 2.89。生产中当高压系统压力突升，可用暂时降低壳侧蒸汽压力的办法来稳定系统压力，故障排除后再恢复正常蒸汽压力。

由于壳侧锅炉水的不断蒸发，导致酸根离子（主要是氯离子）的浓缩和沉淀，高压甲铵冷凝器壳侧底部每班必须排放 10min 以上（或连续排放），以防止设备腐蚀。应定期分析甲铵冷凝器壳侧蒸汽冷凝液中的 Cl^-，应低于 0.5mg/L。

装置每次大修时，应由专业人员对高压甲铵冷凝器进行检测，对腐蚀状况进行全面的评估，以便发现问题及时处理。

二、尿素合成塔

合成塔是合成尿素生产中的关键设备之一。在尿素合成反应中，甲铵脱水反应是在合成塔内进行的，反应所需的热量由 NH_3 和 CO_2 生成甲铵放出的热量来供给，为了满足生产需要，尿素合成塔应具备下述条件：

① 尿素合成反应在 180~190℃、约 14MPa 下进行，要求合成塔具有足够的机

械强度；

② 反应物料具有强烈的腐蚀性，因此必须具有优良的耐腐蚀性能；

③ 甲铵脱水生成尿素反应是在液相中进行的慢速反应，为保证达到所需要的反应转化率，物料必须有一定的停留时间，要求合成塔具有足够大的容积。

尿素合成塔是一个直立圆筒形的高压容器，外筒为碳钢多层卷焊受压容器，内壁衬有一层 8～10mm 厚的尿素级 316L 不锈钢板，使碳钢筒体与尿素甲铵腐蚀介质隔开。在高压筒体（由 11 个筒节组成）和封头上还设有一定数量的检漏孔，设备制造完后在检漏孔内通入 30MPa 氨气，以检查衬里焊缝质量。每个筒节有 12 个检漏孔，接有检漏管并引出保温处，检漏孔分别布置在焊缝两侧，距离焊缝 300mm。生产中一旦衬里层泄漏，尿素甲铵液从检漏管流出汽化，很容易被操作人员发现（可将检漏孔用胶管与装有酚酞溶液的容器相连，氨会使酚酞溶液变红）。

图 1-25 是二氧化碳气提法尿素合成塔结构简图。塔内装有约 10 块多孔筛板，塔板的作用在于防止物料返混，每两块筛板之间物料的浓度和温度几乎相等，因而提高了转化率，提高了合成塔的生产强度。

高压甲铵冷凝器来的气液相物料分两路进入合成塔底部，进行甲铵脱水反应。

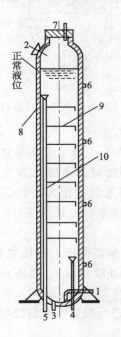

图 1-25　CO₂气提法尿素合成塔

1—气体进口；2—气体出口；
3—液体进口；4—送高压喷射泵的甲铵液
出口；5—至气提塔的尿液出口；6—塔壁
温度指示孔；7—液位传送器孔；8—漩涡
清除器；9—多孔板；10—溢流管

为防止反应物料返混（指生成物料与未反应物料相混合），提高转化率与生产强度，在合成塔中安装多块开有筛孔的塔盘，将合成塔分隔成几个串联的小室。由于 CO₂ 和 NH₃ 自下而上流动时不断冷凝，气体量逐渐减少，为了保持气体通过筛孔的速度相等，上部筛板开孔数目相对要少一些。由于气体通过筛孔的速度较大，使得每一个小室中的物料相互混合很激烈，浓度近似于相同，而上一个小室的尿素生成物又比下一个小室的生成物含量高。物料在合成塔内停留时间接近 1h，最后从塔顶溢流管流出的尿素浓度达到约 35％。未反应的气相 CO₂、NH₃ 和惰性气体从塔顶流出进入高压洗涤器。

合成塔溢流管设在塔内，好处是：可以避免在高压直筒部位开孔，提高设备机械强度；溢流管内外无压差，可采用非高压管线，降低成本。

合成塔底部有一根管线与高压喷射器的甲铵液入口管相连接，一是为了补充高压洗涤器来的甲铵液的不足，避免高压喷射器的抽空而气蚀；二是增加进入高压甲铵冷凝器甲铵液中的水量，以提高甲铵的冷凝温度。

尿素合成塔的关键操作参数是温度、压力和

液位。

CO_2气提法尿素合成塔出液温度控制在183℃左右，不容许超过185℃，否则设备腐蚀加剧，温度低则CO_2转化率下降。合成反应的$n(NH_3)/n(CO_2)$为2.89，实际生产中一般控制在2.9～3.2，$n(NH_3)/n(CO_2)$稍高些，高压系统的压力比较稳定，CO_2转化率也较高。

在合成塔上部设有钴60放射性液位计，液位计的零位与溢流口距离为1m。生产中通过手动调节液位控制阀开度大小来控制合成塔液位，正常应控制在50%～80%，要避免合成塔满液，更要避免合成塔被抽空，防止CO_2"倒流"事故的发生。

合成塔外部保温应保持完好。吊耳附近如果保温不好，塔内容易产生冷凝腐蚀。高压系统开车投料前必须进行升温钝化，使不锈钢表面生成一层致密的氧化膜，以减少腐蚀。由于不锈钢内衬膨胀系数是碳钢筒体的1.5倍，在升温钝化时，必须严格控制合成塔塔壁升温速率小于12℃/h，并控制塔底与塔顶温度差不大于40℃，否则不锈钢内衬容易鼓泡变形。

操作人员应经常检查检漏孔是否有结晶物或氨味，合成塔衬里一旦泄漏，装置应立即停车进行检修。为了及时发现衬里泄漏，避免事故扩大，有些厂安装了合成塔检漏孔在线检测系统，如果检漏孔漏氨就能立即自动检测出来。

装置每次大修时，合成塔应由专业人员进行检测，对腐蚀状况进行全面的评估，以便发现问题及时处理；设备合盖前应进行仔细清扫和脱盐水冲洗，清除所有杂物，保持塔内和连接管线清洁；尤其要采取防护措施，防止脏物进入溢流管和高压喷射器吸入口的喇叭口。

由于合成尿素是在高温、高压下进行的，而且溶液又具有强烈的腐蚀性，所以，尿素合成塔应符合高压容器的要求，并应具有良好的耐腐蚀性能。

目前我国采用的合成塔多为衬里式尿素合成塔，主要由高压外筒和不锈钢衬里两大部分构成，不锈钢衬里直接衬在塔壁上，其作用是防止塔筒体直接受到腐蚀。

水溶液全循环法不锈钢衬里合成塔的结构如图1-26所示。这种合成塔在高压筒内壁上衬有耐腐蚀的AISI316L不锈钢或者高铬锰不锈钢，其厚度一般在5mm以上。在塔内离塔底2m和4m处设有两块多孔筛板，其作用是促使反应物料充分混合，减少塔内反应物料的返混。

一般在该塔之前要设置一个预反应器，使原料氨、二氧化碳和甲铵溶液在预反应器混合预反应后，

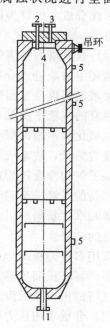

图1-26 衬里式尿素合成塔

1—进口；2—出口；3—温度计孔；

4—人孔；5—塔壁温度计孔

再进入合成塔以进行甲铵脱水生成尿素的反应。

任务五　学会尿素合成塔状态分析及操作要点

1. 尿素合成塔状态分析

在实际生产中，甲铵生成和甲铵脱水的反应同时在合成塔内进行，各种影响因素并存，塔内既有化学平衡，又有气液平衡，系多种过程同时进行，是多种平衡逐渐建立或被破坏的一个复杂过程。塔内物料的组成、温度、压力之间的变化关系是相互依存、相互影响的。

（1）合成塔内组成的变化　当原料液氨、二氧化碳及循环甲铵液进入合成塔底部混合时，立即进行甲铵的生成反应。混合物组成大部分为液相甲铵，少部分为溶解态的液氨和二氧化碳，以及少部分气相氨和二氧化碳。此时，气液平衡状态中气液相分配量由进料组成、温度和压力决定。

随着液态甲铵的快速生成放出大量反应热，合成塔内温度迅速升高，甲铵脱水的反应随之开始，相应的气液相组成也随之发生变化，反应物料在塔内上移过程中其组成和气液相分配量，随液相中尿素生成而改变。

综上所述，沿塔高方向由下而上，液相中甲铵量逐渐减少，尿素量相应增多，含水量增多，随着尿素的不断生成，气相中的氨和二氧化碳不断冷凝为甲铵，理论上要求到塔顶物料出口处气相氨和二氧化碳应全部冷凝为液相，实际上是不可能的，因此合成塔出口为以液相为主的气液混合物，气相中氨和二氧化碳量远比入口时小得多。

（2）合成塔内温度的变化　尿素合成的总反应为放热反应，当原料氨、二氧化碳及循环甲铵液进入合成塔底部后，氨和二氧化碳迅速反应生成甲铵并放出大量热，使塔底部混合液温度迅速升高。随着物料上移，尿素的生成使液相甲铵浓度降低，原有的气液平衡关系不断破坏，随着液相中氨和二氧化碳不断消耗，气相中的氨和二氧化碳不断冷凝于液相中反应生成甲铵，由于甲铵生成的热量远大于甲铵脱水吸收的热量，故系统中物料温度升高，从而加快了甲铵的脱水反应速率，其结果又加快了气相冷凝过程速率，如此重复循环，直到液相中新化学平衡的建立，同时也达到新的气液平衡趋于建立。故合成塔内物料上移过程相应温度上升，是反应液中尿素和水含量增加以及过程中气相氨和二氧化碳不断冷凝放热和甲铵不断生成产生热量的结果。

采用多层筛板的合成塔可使塔内物料流动有序，使气液均匀混合，物料返混现象减小，各塔板间容易建立新的物料平衡，所以合成塔内温度分布由下而上逐步升高，在塔的出口处温度达最高。

（3）合成塔内压力的变化　反应物料在合成塔内由下而上移动过程中，不断进行甲铵脱水的反应，导致物料组成不断变化。随着液相中甲铵不断脱水生成尿素，甲铵含量逐渐减少而尿素和水含量逐渐增加，气相中氨和二氧化碳含量因逐渐冷凝生成甲铵而减少，故物料的蒸气压由下向上逐渐降低，在合成塔塔顶，物料的蒸气压最小。虽然物料的蒸气压与温度有关，合成塔内由下而上温度有升高的趋势，其平衡蒸气压也应升高，但由于温度对压力的影响小于物料组成变化对蒸气压的影响，所以合成塔中由下而上物料的蒸气压逐渐减小。

2. 合成塔生产操作控制要点

化工生产是一个复杂的工艺过程，生产中需要考虑的工艺参数很多，有时各个参数对生产的影响又是相互矛盾的，各个工序之间有着密切的联系，相互制约。因而化工生产的每个步骤的工艺条件，虽然是可调节的，但又不是都可以任意选定的。对于工程技术人员来讲，在制订工艺条件和调节手段时，不但要考虑单个工艺条件对生产的影响，还要综合考虑各个条件之间的相互影响，这样制订的工艺条件和调节手段才能保证产品产量高，质量好，消耗低，生产安全稳定。

尿素合成塔中二氧化碳转化率的高低是判断合成塔操作好坏的最重要指标。当转化率发生波动时，循环系统必然随之波动，循环系统波动又会影响到转化率的波动，它们之间相互影响，关系密切。如果控制不好，有可能造成整个生产的恶性循环，所以，合成塔操作中应首先将尿素转化率控制好。

尿素合成塔的操作控制是尿素生产的核心。合成塔操作的好坏，直接影响到全系统的负荷分配和消耗定额。为了在合成塔内获得较高的二氧化碳转化率，生产操作必须对反应温度、进料组成和反应压力进行很好的控制。

（1）尿素合成反应温度控制　在生产中，合成塔顶和塔出口都安装有测温点，但是合成塔的温度调节主要是控制合成塔料液出口温度。一般对水溶液全循环法流程而言，要求合成塔出口温度控制在 188℃±2℃，并尽量保持稳定。合成塔入口的温度，一般在 170～175℃ 之间。由进入合成塔的物料及所发生的相变化和化学反应即可分析出决定塔底和塔顶温度的因素。为了维持合成塔在最佳温度下的自热平衡，可采取调节入塔氨碳比或入塔原料液氨温度的方法。当合成反应温度偏高时，可适当增大氨碳比或降低入塔液氨温度，前者用于较大幅度调节，后者用于微小调节。

（2）合成塔进料氨碳比的控制　对于水溶液全循环法尿素合成塔进料氨碳比控制在 4 左右，为达到较高的二氧化碳转化率，氨碳比将随反应温度和进料水碳比的变化而稍有变化。当入塔水碳比偏高，可选用较高的氨碳比，同时相应地提高入塔液氨温度来维持正常的合成反应温度，通常采用适当加大液氨量来调节。

（3）合成塔进料水碳比的控制　对水溶液全循环法尿素合成塔进料中水碳比在 0.65 左右。尿素合成操作不稳定而二氧化碳转化率下降时，将造成循环负荷加大，返回合成塔的循环甲铵溶液量增加，从而引起进料中水碳比提高；循环操作控制不好，也会使返回合成塔的循环甲铵液浓度变稀，从而引起进料水碳比提高。因此，控制进料水碳比关键是控制合成塔和循环回收过程处于最佳条件，防止产生恶性循环。如果进料水碳比过高可以采用排放部分循环甲铵液或适当提高氨碳比的办法来调节。

（4）尿素合成压力的控制　对于水溶液全循环法尿素合成压力为 20MPa，压力的调节可以通过合成塔出口压力调节阀的开启度来控制，合成压力控制的基本原则是操作压力应大于反应体系的平衡压力，以抑制甲铵分解为氨和二氧化碳并提高二氧化碳转化率。

（5）二氧化碳气中加氧量的控制　为了防止尿素合成塔不锈钢衬里的腐蚀，在水溶液全循环尿素生产中，要求二氧化碳气中加氧量为 0.5%（体积分数）左右，它是通过在原料气二氧化碳中加入空气或氧气的量来控制的，氧含量过低会引起合成塔衬里的腐蚀，过高又会降低二氧化碳纯度从而降低二氧化碳转化率，同时增加了惰性气体含量，能耗加大，并且增加了生产安全隐患，故必须严格控制。

总之，从尿素合成塔的任务及提高转化率的重要性出发，考虑操作应保证足够高的转化率，然后根据生产原理和实际，把温度和压力确定为主要控制指标。以温度控制为例，分析了影响温度的因素，再决定调节温度的手段，一般用 $n(NH_3)/n(CO_2)$ 和氨预热温度调节尿素合成塔的温度。

虽然生产上把温度和压力确定为主要控制指标，但这绝不是说 $n(NH_3)/n(CO_2)$ 的控制就不重要，氨碳比在生产中既影响转化率，又影响合成塔的自热平衡，但其大小并不能无限制地调节，一般而言，只要合成塔的温度、压力和 $n(H_2O)/n(CO_2)$ 符合规定，$n(NH_3)/n(CO_2)$ 也必然在规定范围内。

相关仿真知识 3　尿素合成和高压回收说明（U9201）

合成及高压回收 DCS 图（1）见图 1-27，合成及高压回收 DCS 图（2）见图

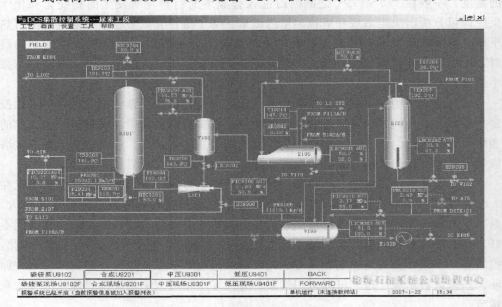

图 1-27　合成及高压回收 DCS 图（U9201）（1）

1-28。

  由 CO_2 压缩机送来的 CO_2 气体及高压液氨泵加压并预热后的高压液氨作为甲铵循环喷射器 L-101 的驱动流体，将来自高压甲铵分离器 V-101 的甲铵液增压送入尿素合成塔 R-101，液氨与 CO_2 反应生成尿素是在尿素合成塔内进行的。

  合成塔操作压力 15.2MPa（表），温度 188℃，合成反应 $n(NH_3)/n(CO_2)$（物质的量之比）3.4～3.6，$n(H_2O)/n(CO_2)$（物质的量之比）0.6，CO_2 转化率 62%～64%。

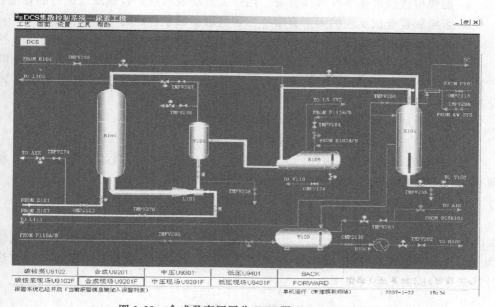

图 1-28 合成及高压回收 DCS 图（U9201F）（2）

U9201 合成及高压回收工段	E-101（氨气提塔） E-104（高压碳铵液预热器） E-105（高压甲铵冷凝器） V-101（高压甲铵分离器）	V-109（2.17MPa 蒸汽包） L-101（甲铵循环喷射器） R-101（尿素合成塔）

  合成反应液经出液管和蝶阀流到气提塔 E-101 上管箱进行气液分离，并由液体分配器将混合物沿着壁流下及加热，操作压力为 14.4MPa（表），壳侧用 2.17MPa（表）蒸汽加热。由于溶液中过剩氨的自气提作用，促进了甲铵的分解，降低了溶液中 CO_2 的含量。气提塔 E-101 顶部出气和中压吸收塔 C-101 回收并经高压碳铵预热器预热后的碳铵液一并进入高压甲铵冷凝器 E-105，在高温、高压下冷凝，回收甲铵反应热及冷凝热，产生 0.34MPa（表）蒸汽。自高压甲铵冷凝器出来的气液混合物在高压甲铵分离器 V-101 内分离，液相由甲铵循环喷射器 L-101 返回到尿素合成塔 R-101。从高压甲铵分离器 V-101 分离出来的不凝性气体中含有少量的

NH_3和CO_2，经减压后进入中压分解塔底部用罐 L-102 内。该减压阀为分程控制，超压［9atm（1atm＝101325Pa）左右］条件下可将不凝性气体排至放空筒。

 想一想练一练

1. 简述氨和二氧化碳的物理性质。

2. 简述尿素合成反应机理。哪一步反应为合成反应的控制步骤？

3. 甲铵的离解压力是如何定义的？为什么甲铵的熔点为范围值？

4. 加快甲铵脱水速率有哪些方法？用什么方法表示尿素合成反应进行的程度？

5. 影响尿素合成反应的因素有哪些？如何选择尿素合成的工艺条件？

6. 画出水溶液全循环法尿素合成的方块工艺流程图并简述其流程过程。

7. 某尿素合成厂二氧化碳压缩机流量为 $6400m^3/h$（标准状况），循环甲铵液带入二氧化碳量为 $3800m^3/h$（标准状况），试计算该厂尿素合成塔的二氧化碳转化率。

8. 尿素合成塔内设置筛板的目的是什么？

9. 简述合成塔内温度、组成是如何变化的。

10. 在尿素合成塔中，进塔的 $n(NH_3)/n(CO_2)$、$n(H_2O)/n(CO_2)$ 和氨预热温度是怎样影响合成塔顶、塔底温度的？

11. 在尿素生产中，为何选择氨碳比和氨预热温度调节尿素合成塔的温度？

12. 水溶液全循环法操作条件如下：合成塔入口物料中 $n(NH_3)/n(CO_2)＝4.0$，$n(H_2O)/n(CO_2)＝0.7$，每 $100m^3$（标准状况）CO_2 气体带入惰性气体为 $5m^3$（标准状况），反应温度为 $190℃$，压力为 $20MPa$。试分别用四种不同方法计算尿素合成的平衡转化率。

项目四　尿素合成反应液中未转化物的分离与回收

学习目标

1. 知识目标：学会尿素合成反应液中未转化物的分离与回收的原理；

2. 能力目标：学会尿素合成反应液中未转化物的分离与回收的工艺条件及方法；

3. 情感目标：学会尿素合成反应液中未转化物的分离与回收的工艺流程，培养与人合作的岗位工作能力。

项目任务

1. 减压加热法分离与回收未转化物工艺；

2. 二氧化碳气提法分离与回收未转化物工艺。

项目描述

该项目先介绍了减压加热法分离与回收未转化物工艺；之后重点阐述了二氧化碳气提法分离与回收未转化物工艺。

项目分析

减压加热法分离与回收未转化物工艺是基础，二氧化碳气提法分离与回收未转化物工艺是本项目的学习重点。

知识平台

1. 常规教室；
2. 仿真教室；
3. 实训工厂。

项目实施

二氧化碳与氨合成尿素时，经过一次合成，进入尿素合成塔的原料不可能全部转变成尿素。由于受尿素合成化学反应平衡和物理平衡的限制，中间产物甲铵不可能全部脱水转化成尿素，实际生产中二氧化碳转化率在 65％ 左右。由于常采用氨过量的生产方法，氨的转化率则更低，因而尿素合成塔出口的合成反应液中除尿素和水外，还含有相当数量的未转化成尿素的甲铵、过量氨及游离的二氧化碳等物质，要获得颗粒状的固体尿素产品，必须将尿素合成反应液中的非尿素成分进行分离回收并且作为原料循环利用。对于不同的生产方法及合成工艺条件，常见尿素合成塔出口溶液的组成见表 1-5。

表 1-5 尿素合成塔出口溶液（合成反应液）的组成

生产方法	合成塔出口液组成(质量分数)/％				
	尿素	氨	二氧化碳	水	其他
水溶液全循环法	31.0	38.0	13.0	18.0	少量
全循环二氧化碳气提法	34.5	29.2	19.0	17.2	0.1
全循环改良 C 法	36.1	36.9	10.5	16.4	0.1

为了使尿素合成塔出口液中未转化成尿素的甲铵、氨和二氧化碳进行分离并且重新返回尿素合成系统，必须要做如下工作：

① 首先要将未反应物与反应目标产物尿素和水分离，得到纯净的尿素水溶液，并将未反应物加以回收，返回尿素合成系统循环利用。

② 然后将纯净的尿素水溶液中的尿素与水利用蒸发手段分离，得到纯净的尿素熔融液；再通过造粒塔或造粒机生产普通颗粒尿素产品或大颗粒尿素产品。也可以由结晶机生产尿素晶体产品。

对于未转化物的分离与回收，工业上常采用的主要方法有两种，即减压加热法，气提法。

不论采用哪一种方法，对未转化物分离与回收的工艺条件和设备总的要求是：第一，应尽可能完全分离和回收未转化物；第二，单位质量产品消耗的能量要最低；第三，分离和回收过程中尽可能避免副反应的发生（如尿素的水解和缩二脲的生成等）；第四，尽可能减少分解气中水分含量，保证回收制得较高浓度的甲铵溶液。

任务一　识读减压加热法分离与回收未转化物

一、减压加热法分离与回收原理

1. 未转化物的减压加热分离原理

（1）尿素合成塔出口的反应液的组成　尿素合成塔出口的反应液中成分比较复杂，其中未反应的氨和二氧化碳占的量很大，主要由两部分构成：一部分是在高温高压条件下溶解在尿素合成液中的气态氨和气态二氧化碳；另一部分为没有转化成尿素的甲铵。

（2）未转化物的减压加热分离原理

① 一般规律　根据氨和二氧化碳的物理性质可知，气态氨和二氧化碳的溶解是体积缩小、放热的过程。当温度一定时，两者随着压力降低，溶解度减小，随着压力升高，溶解度增加；当压力一定时，随着温度升高，溶解度减小，温度降低，溶解度增大。

② 减压加热分离未反应物的原理

a. 由甲铵的化学性质可知，甲铵易分解为氨和二氧化碳，甲铵分解的化学反应式为：

$$NH_4COONH_2（液）\Longleftrightarrow 2NH_3（气）+CO_2（气）-Q \qquad (1-36)$$

甲铵分解反应为体积增大、可逆的吸热反应。根据化学平衡移动原理可知，降低反应体系的压力或提高体系的温度均有利于甲铵的分解。

b. 另外，尿素水溶液中游离氨和二氧化碳的溶解度随温度升高、压力降低而减小，是极容易解吸而与沸点较高的纯尿素水溶液分离的物质。因此，采取减压加热法也有利于氨和二氧化碳的解吸。

可见减压加热法既有利于甲铵的分解，也有利于游离氨和二氧化碳的解吸，是可以把未反应物从合成液中分离出来的。

（3）过程分析　从理论上讲，合成塔出口的尿素合成液，加热温度越高，压力降得越低，甲铵分解、游离的氨和二氧化碳的解吸越彻底。但是，过高的受热温度和过低的分解压力，对回收分解气中 NH_3 和 CO_2 的操作不利，必然引起加热蒸汽消耗量增加，冷却分解气的用水量加大，使减压和流体输送设备的动力消耗加大，尿素的缩合和水解等副反应加剧。同时，合成液中水分随之大量蒸发，造成分解气中水分含量增加，致使分解气冷凝后所得回收液中甲铵浓度过低，大量水分随甲铵一并进入合成塔，破坏生产系统的水平衡，必然造成尿素合成塔二氧化碳转化率降低。另外，根据合成液的性质和特点，采用一步法对未转化物进行分离和回收是不可取的。因此，工业生产中为了保证在较短的时间内将未转化物全部实现分离和回收，减少副反应的发生，生产出高品质的产品，一般均选择适宜的操作温度和压力进行分段减压加热分解、冷凝吸收的办法。

（4）应用举例　例如，水溶液全循环法尿素合成反应液中未转化物的分离与回收常采用两段减压加热分解两段冷凝吸收的方法。

首先，尿素合成液一次减压为 1.7MPa 左右，并加热至 160℃ 进行第一次分解，称之为中压一段分解，在此大部分甲铵分解，过剩氨得以解吸。经过一段减压处理后的尿液再次减压到 0.3MPa，并加热到 147～150℃ 使之进行第二次分解，称之为低压分解。经两次减压加热分解后，合成液中绝大多数甲铵分解为氨和二氧化碳，甲铵分解率可达 97% 以上，过剩氨的蒸出率也可达 98% 以上，然后将经过两次减压分解后的尿液进行闪蒸，进一步分解和解吸，然后送入真空蒸发系统，在蒸发水分的同时使残余的甲铵全部分解，游离态氨和二氧化碳解吸，最后制得纯度为 99.7% 以上的尿素熔融液去造粒设备造粒制得产品。

（5）衡量分解系统分解进行的程度的方式　通过中压分解的未转化物量约占合成液中总含量的 85%～90%，因此，中压分解操作直接影响全系统的未转化物回收效率及生产技术经济指标。

衡量分解系统分解进行的程度，常用以下两种方式来描述。

① 一种方式是以甲铵分解率和总氨蒸出率来表示中压系统的分解程度。

a. 甲铵分解率。已分解为气体 NH_3 和 CO_2 的甲铵量与合成塔出口溶液中甲铵总量之比，在数值上等于甲铵分解时放出的 CO_2 量与合成塔出口溶液中未转化成尿素的 CO_2 量之比：

$$\eta_{氨基甲酸铵} = \frac{n(CO_2)/n(U)_1 - n(CO_2)/n(U)_2}{n(CO_2)/n(U)_1} \times 100\%$$

式中　$\eta_{氨基甲酸铵}$——甲铵分解率，%；

$n(CO_2)/n(U)_1$——进分解塔尿素溶液中 CO_2 与尿素的物质的量之比；

$n(CO_2)/n(U)_2$——出分解塔尿素溶液中 CO_2 与尿素的物质的量之比。

b. 总氨蒸出率。从液相中蒸出氨的量与合成塔出口溶液中未转化为尿素的氨量之比：

$$\eta_{总氨} = \frac{n(NH_3)/n(U)_1 - n(NH_3)/n(U)_2}{n(NH_3)/n(U)_1} \times 100\%$$

式中　$\eta_{总氨}$——总氨蒸出率，%；

$n(NH_3)/n(U)_1$——进分解塔尿素溶液中氨与尿素的物质的量之比；

$n(NH_3)/n(U)_2$——出分解塔尿素溶液中氨与尿素的物质的量之比。

② 另一种方式是直接用中压分解系统出口溶液中 CO_2 含量、NH_3 含量及 H_2O 含量与尿素的摩尔比来表示分解程度。

水的分解程度：

$$N_水 = 3.33w[U_{溶(水)}]/w[U_{溶(尿)}]$$

式中　　$N_水$——水与尿素的物质的量之比；

$w[U_{溶(水)}]$——溶液中水的质量分数；

$w[U_{溶(尿)}]$——溶液中尿素的质量分数；

3.33——尿素的摩尔质量与水的摩尔质量之比。

同样也可给出氨、二氧化碳的分解程度。

评价：这种方法比较简单实用，它不仅表达了每个组分各自分解的情况，同时还能说明各个组分分解后的相互关系，以及分解与回收的相互关系，实际操作中常用此来分析判断分解过程的生产情况。

2. 未转化物的回收原理

（1）概述　通过减压加热从合成液中分解出来的气体 NH_3、CO_2 以及水分，通过冷凝吸收设备将其冷凝吸收，分解气中的部分氨和二氧化碳反应生成甲铵，然后以浓甲铵溶液及液氨的形式分别用泵送回合成塔循环使用。首先在低压吸收塔中用浓度较低的稀氨水与含氨和二氧化碳较少的气体逆流接触吸收制得稀甲铵溶液，然后将该稀甲铵液作为吸收剂送入中压吸收塔中去吸收含氨和二氧化碳浓度较高的中压分解气中的氨和二氧化碳气体，制得的浓甲铵溶液再送回合成塔。采用逆流操作可使返回合成塔的甲铵液浓度高，吸收设备生产能力大，吸收率高。

（2）未转化物的回收原理　将分解气中的氨和二氧化碳冷凝吸收为稀甲铵液和浓甲铵液是一个伴有化学反应的气-液吸收过程，其化学反应为：

$$2NH_3(g) + CO_2(l) \Longleftrightarrow NH_4COONH_2(l) + Q_1 \tag{1-37}$$

$$NH_3(g) + H_2O(l) \Longleftrightarrow NH_4OH(l) + Q_2 \tag{1-38}$$

以上反应均为体积缩小、放热的可逆反应，故提高压力和降低温度都有利于吸收操作。

（3）温度条件（吸收操作温度）的控制　为了简化生产工艺过程，分解气的吸收常采用与分解过程相同的压力和段数（次数）进行。对于吸收操作温度，在一定压力下，一定组成的溶液有其相对应的溶质结晶温度，如果操作温度低于该组成的结晶温度，便有甲铵结晶析出，易造成堵塞管道等现象，使生产操作过程不能正常进行，故工艺条件的选择要保证回收过程既要吸收完全，又必须防止生成甲铵结晶。因此，研究一定压力下甲铵水溶液的气-液平衡和液-固平衡是十分重要的，可用它来选择回收过程适宜的工艺条件并用于指导生产。

图 1-29 为 NH_3-CO_2-H_2O 三元体系多温相图，在甲铵各相区内均有不同的等温线，它表示甲铵饱和溶液的熔点线；还有等压线，表示甲铵一定组成、熔点时的平衡压力。另外还有平衡时气相氨和二氧化碳组成线，通过该图可以查得 NH_3-CO_2-H_2O 体系甲铵饱和溶液的任意组成下的熔点及平衡压力。

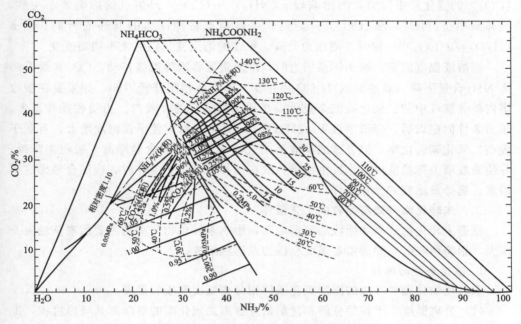

图 1-29　NH_3-CO_2-H_2O 三元体系相图

[例题 3]　已知某甲铵溶液组成为 $n(NH_3)/n(CO_2)=3.12$，$n(H_2O)/n(CO_2)=1.8$。试求该溶液的熔点及该熔点下溶液的平衡压力。

解：将溶液组成分别用氨和二氧化碳的质量分数表示。

由已知条件 $n(NH_3)/n(CO_2)=3.12$

则 $NH_3\%=[(3.12\times17)/(3.12\times17+44)]100\%=54.6\%$

由已知条件 $n(H_2O)/n(CO_2)=1.8$

则 $CO_2\%=[44/(1.8\times18+44)]\times100\%=57.6\%$

在图 1-29 中氨与二氧化碳边界线上找到含 NH_3 54.6% 的点，将此点与水的组成点相连，该连线上的任何一点均表示 $n(NH_3)/n(CO_2)=3.12$。同理，在水与二氧化碳边界线上找到含 CO_2 57.6% 的点，与氨的组成点连线，该连线上的任意一点均表示 $n(H_2O)/n(CO_2)=1.8$。当 $n(NH_3)/n(CO_2)=3.12$，$n(H_2O)/n(CO_2)=1.8$ 时，两连线的交点即为溶液组成点，从图 1-29 上查得此点所对应的温度为 70℃，压力为 0.81MPa（绝），这就是所求甲铵溶液的熔点和平衡压力。

利用该图还可以查出平衡时气相中氨与二氧化碳的组成。甲铵熔点随 $n(H_2O)/n(CO_2)$ 升高而降低，随 $n(NH_3)/n(CO_2)$ 降低而升高（当系统压力一定时），表示甲铵的熔点取决于溶液中 $n(H_2O)/n(CO_2)$ 或 $n(NH_3)/n(CO_2)$。

在一定范围内的等 $n(H_2O)/n(CO_2)$ 线几乎与甲铵熔点线平行，$n(H_2O)/n$

（CO_2）的变化对甲铵熔点的影响较 $n(NH_3)/n(CO_2)$ 对熔点的影响要小一些。当体系中 $n(NH_3)/n(CO_2)$ 一定时，甲铵熔点将随压力的升高而升高。当 $n(H_2O)/n(CO_2)$ 一定时，随压力升高，甲铵的熔点变化随组成不同而改变。

当溶液温度固定，减小体系压力时，溶液组成将沿等温线移动，CO_2 含量升高而 NH_3 含量下降。通过对 NH_3-CO_2-H_2O 三元体系相图分析可知，如果要在吸收塔内将分解气中的二氧化碳完全吸收，必须选择适宜的吸收剂。当吸收操作温度、压力条件固定以后，降低溶液中 $n(H_2O)/n(CO_2)$ 可以使甲铵浓度增大，有利于提高二氧化碳转化率，但会造成溶液平衡气相中二氧化碳含量增高，吸收率降低，并使吸收塔上部精洗段操作发生困难，故在选择吸收工艺条件时，应综合考虑这些因素，选择最适宜的操作条件。

二、未转化物分离与回收的工艺条件

根据未转化物分离和回收的原理可知，影响未转化物分离的主要因素是温度及压力，影响回收的主要因素是温度、压力及溶液组成。

1. 温度条件的选择

未转化物分离与回收的温度工艺条件指分离温度和吸收温度。

（1）分离温度 甲铵的分解和过剩氨及游离二氧化碳的解吸都是吸热过程，提高分离温度对甲铵分解反应、氨和二氧化碳解吸的平衡和速率的提高都是有利的，温度对中、低压分离的影响如图 1-30～图 1-33 所示。

从图 1-30 可以看出，中压分解的甲铵分解率 $\eta_\text{氨基甲酸铵}$ 和总氨蒸出率 $\eta_\text{总氨}$ 随温度升高而增大，液相中残余氨和二氧化碳减少。当温度小于 130℃ 时，$\eta_\text{氨基甲酸铵}$ 比 $\eta_\text{总氨}$ 小得多；当温度高于 130℃ 时，$\eta_\text{氨基甲酸铵}$ 随温度升高而急剧增大；当温度升至 160℃ 左右时，$\eta_\text{氨基甲酸铵}$ 和 $\eta_\text{总氨}$ 几乎相等，表示分解反应接近平衡；当温度高于 160℃ 时，随着温度的升高，$\eta_\text{氨基甲酸铵}$ 和 $\eta_\text{总氨}$ 在该压力下升高非常缓慢，表示尿素

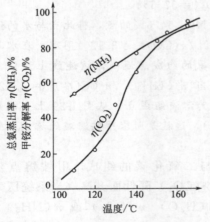

图 1-30 中压分离温度
对甲铵分解率和总氨蒸出率的影响

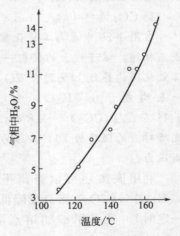

图 1-31 中压分离温度
对气相水含量的影响（压力 2MPa）

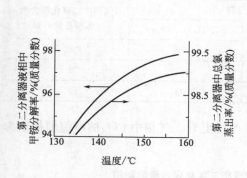

图 1-32　低压分离温度对甲铵分解率和
总氨蒸出率的影响（压力 0.3MPa）

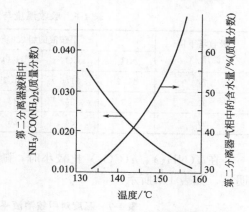

图 1-33　低压分离温度与分解气气相
中水含量的关系（压力 0.3MPa）

水解及缩合等副反应显著加快。

如图 1-31 所示，随着温度升高，中压分解气中水分含量不断升高，气相中水含量的增加，必然引起分解气冷凝回收甲铵液中水含量增加，导致甲铵浓度降低，返回合成塔后造成二氧化碳转化率降低。同时，过高的分解温度也不利于分解气的冷凝回收。过高的分解温度，造成合成液对设备腐蚀加剧，增大中压分解加热蒸气消耗，回收冷凝用的冷却水量增加，能量消耗加大。因此，中压分解温度不能太高，对于水溶液全循环，中压分解温度一般选择在 155～160℃。

由图 1-32 看出，低压分解的甲铵分解率和总氨蒸出率随温度升高而增大，由于压力较低，温度较高，最初甲铵分解速率较快，当温度接近 150℃时，随温度的升高分解速率升高很缓慢，如再提高分解温度，会造成尿素水解、缩合等副反应加剧，同时引起气相中水含量迅速升高，对尿素生产不利。故生产上低压分解温度一般控制在 147～150℃之间，如图 1-33 所示。

经中压和低压分解后的尿液主要含尿素和水分，另外还有残存的极少量甲铵和过剩氨，尿液再经过闪蒸槽闪蒸和真空蒸发除去残余的甲铵和过剩氨及大量水分，实现未转化物分离，达到提纯尿液的目的。

（2）吸收温度　吸收操作温度主要指中压吸收液最终的温度，生产用中用吸收塔鼓泡段底部温度代表吸收温度，此时甲铵液浓度高，结晶温度高，相应操作温度也高。氨和二氧化碳冷凝吸收生成甲铵的过程要放出大量热，降低温度对吸收及反应平衡有利。但温度不能降得太低，如果吸收温度低于该组成条件下甲铵的结晶温度，便有甲铵晶体析出，从而影响吸收过程的顺利进行，故吸收过程中既要保证较高的吸收率，又必须防止析出甲铵结晶。根据 NH_3-CO_2-H_2O 三元体系相图可以从理论上确定吸收过程的操作温度。

当中压吸收压力一定时，随着操作温度升高，吸收液中 $n(NH_3)/n(CO_2)$ 下降，平衡气相中二氧化碳含量将迅速升高。当压力 $p=1.7MPa$（绝），水碳比 $n(H_2O)/n(CO_2)=1.6$ 时，查图 1-29 得相应数据如表 1-6 所示。

表 1-6   吸收温度与溶液气液组成的关系

吸收塔下部温度/℃	甲铵液的组成（质量分数）/%				气相中二氧化碳含量（体积分数）/%
	NH_3	CO_2	H_2O	$n(NH_3)/n(CO_2)$	
77	47.2	31.6	21.2	3.87	<0.05
90	43	34	23	3.45	0.5
97	40	34	26	3.03	1.0

在 $n(NH_3)/n(CO_2)$ 比较小时，随着温度上升，气相中 CO_2 的净值增加较为明显，如表 1-7 所示。

表 1-7   温度对甲铵溶液平衡气相二氧化碳含量的影响

$w(H_2O)=$ 21.5%	$n(NH_3)/n(CO_2)$ =2.34	温度 /℃	80	平衡气相二氧化碳含量（体积分数）/%	8.6	增加净值 /%	10
			100		18.3		
	$n(NH_3)/n(CO_2)$ =3.5		80		0.06		0.15
			100		0.21		

从上述可知，当中压吸收将溶液中 NH_3 含量保持在 40% 以上时，平衡气相中二氧化碳含量可以降到 0.05%以下（体积分数），而此时溶液的结晶温度在 75℃以下。由于中压吸收受中压分解气和低压吸收循环液条件的影响，操作中必须考虑当溶液中 NH_3、CO_2 浓度升高时，引起结晶温度升高的可能性。故一般中压吸收温度选择在 90～95℃，高负荷生产时控制在下限。低压吸收过程由于溶液中甲铵浓度较低，即使在较低的温度下，结晶的可能性仍很小，故低压吸收时，主要考虑尽可能降低出塔气中 NH_3 和 CO_2 的含量，减少 NH_3 和 CO_2 的损失，一般低压吸收操作温度选择在 40℃左右。

2. 压力条件的选择

分离与吸收压力的选择应从甲铵分解、分解气的吸收以及气氨冷凝等几方面的条件综合进行考虑。从化学和物理平衡考虑，对甲铵分解、过剩氨及游离二氧化碳的解吸来说，降低压力对解吸是有利的，压力与 $\eta_{氨基甲酸铵}$ 和 $\eta_{总氨}$ 及气液组成之间的关系如图 1-34 所示。$\eta_{氨基甲酸铵}$ 和 $\eta_{总氨}$ 均随压力降低而急剧增大，同时液相中的氨和二氧化碳含量随压力的降低而降低。

在确定中压分解的压力时，还应考虑中压吸收条件。为了简化工艺过程，一般将分离与吸收设定在相同压力下进行，以利于简化生产操作。从分离与回收原理已知，分离与吸收在压力和温度方面的要求是相互矛盾的，故必须权衡利弊，二者兼顾考虑。在水溶液全循环法合成尿素生产中，中压分解气经过中压吸收二氧化碳和氨后，未被吸收的气氨将在氨冷凝器中冷凝成液氨后返回合成塔。因此，中压分离的压力要根据氨冷凝器中冷却水所能达到的冷凝温度来确定，所选操作压力至少要大于操作温度下氨冷凝器管内氨的饱和蒸气压，不同温度下氨的饱和蒸气压如表 1-8 所示。

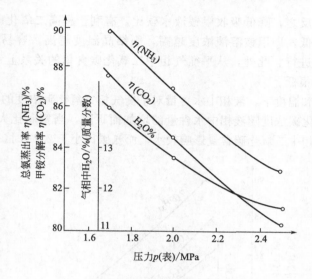

图 1-34 压力对甲铵分解率、总氨
蒸出率和气相含水量的影响

表 1-8 不同温度下氨的饱和蒸气压

温度/℃	30	35	40	45	50
饱和蒸气压/MPa(绝)	1.1895	1.3765	1.5850	1.8165	2.0727

一般冷却水温度为 30℃ 左右，冷凝器管内外温差大约为 10℃，气氨约在 40℃ 下冷凝，相对应的饱和蒸气压为 1.585MPa，中压分解与吸收操作压力要比饱和压力大一些，故选择为 1.7MPa（表）左右。

由低压分解器出来的分解气送低压吸收塔，用稀氨水吸收为稀甲铵溶液，因而低压分解压力主要决定于低压吸收塔气液平衡压力，而平衡压力又与溶液温度和浓度有关。低压吸收温度为 40℃ 时，稀甲铵溶液表面上的平衡压力约为 0.25MPa，而操作压力应大于平衡压力，低压分解与吸收压力一般控制在 0.3MPa（表）左右。

3. 溶液组成

溶液组成主要指中压吸收塔溶液的组成，因中压吸收后的浓甲铵溶液直接返回合成塔，对合成操作影响较大，而低压吸收塔溶液是送入中压吸收塔作为吸收剂的，其量可以控制，其组成对尿素合成影响比较小。

中压吸收溶液的组成最关键的是水碳比，其次是氨碳比。选择中压吸收溶液组成应根据尿素合成塔二氧化碳转化率、溶液的结晶温度以及中压吸收塔平衡气相中 CO_2 含量等三个方面来考虑，保证吸收塔内的甲铵溶液为不饱和溶液，以防止甲铵在吸收过程中析出结晶堵塞管道造成生产不能顺利进行。

吸收溶液中的水碳比决定了进入尿素合成塔循环甲铵液的水碳比，当吸收溶液中水碳比增大时，甲铵溶液浓度降低，引起合成塔二氧化碳转化率下降，未转化物回收负荷加大，进塔总水量也增加，循环液量增大，因而会造成二氧化碳转化率下降的恶性循环。反之，降低吸收甲铵液水碳比，有利于提高二氧化碳转化率。但甲铵溶液水碳比越低，即甲铵溶液浓度越高，则结晶温度越高，容易析出甲铵结晶，使生产无法正常进行。此外，从平衡气相中二氧化碳含量的关系上考虑，吸收液水碳比也不能降得很低。

在一定压力和温度下，液相中水含量对平衡气相二氧化碳浓度的影响如图1-35所示。气相中二氧化碳浓度随液相中水含量的增加而下降，当氨碳比大于 2.87 时，溶液中水含量对气相中二氧化碳含量影响较小，而氨碳比小于 2.87 时，其影响较大。

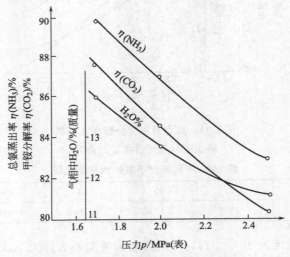

图 1-35　饱和溶液液相中 H_2O 含量对气相 CO_2 的影响

为了降低气相中二氧化碳含量，防止甲铵溶液析出甲铵结晶，溶液中维持一定的水碳比是有必要的。根据定压下 NH_3-CO_2-H_2O 三元体系相图查得，中压吸收甲铵液的 $n(H_2O)/n(CO_2)$ 控制在 1.8 左右，而 $n(NH_3)/n(CO_2) > 2.87$ 时，中压吸收甲铵溶液组成为 NH_3 40%～41%、CO_2 34%～35%、H_2O 24%～26%，其结晶温度为 72～74℃，为了防止析出结晶，实际操作温度要略微高一些，一般选择为 95℃，低压吸收溶液组成一般控制氨碳比为 2～2.5，水碳比大于 4，吸收温度约 40℃。

三、分离与回收的工艺流程及主要设备

1. 工艺流程

如图 1-36 所示从尿素合成塔出来的尿素合成液，经自动减压阀减压至 1.7MPa（表），进入预分离器 1，在预分离器内进行气液分离。出预分离器后的液体温度约为 120℃，进入中压分解加热器 2 的管内，管外用蒸汽加热尿液升高温度至 160℃ 左右，使溶液中甲铵分解，过剩氨和二氧化碳解吸，再进入中压分解分离器 3 内进行气液分离。溶液出分离器后经自动减压阀减压至 0.3MPa（表），使甲铵、过剩氨进一步分解和解吸，由于汽化吸热使尿液温度降到 120℃ 左右，然后送入低压分解精馏塔 4 的顶部进行喷淋，并与低压分解分离器 6 来的气体逆流换热，由于低压分离器的气体温

度较高，使尿液受热温度上升至134℃左右，气体降温，这样，可显著减少从精馏塔顶部出来的气相中的水分，除回收部分热量外，还有利于整个系统的水平衡。出精馏塔后的尿液进入低压分解加热器5管内，管外用蒸汽加热使尿液温度升高至147～150℃，尿液中的甲铵进一步分解、过剩氨和二氧化碳进一步解吸后，进入低压分解分离器6中进行气液分离，分离后的尿液中主要含尿素和水，还有极少量甲铵和过剩氨，然后送入真空蒸发系统进行蒸发提浓、提纯和造粒。

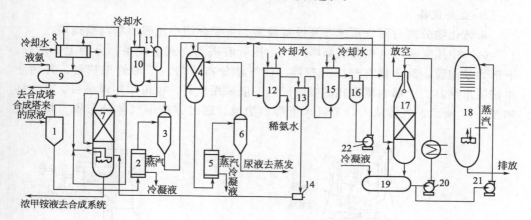

图1-36　水溶液全循环法分离与回收工艺流程

1—预分离器；2—中压分解加热器；3—中压分解分离器；4—精馏塔；5—低压分解加热器；
6—低压分解分离器；7—中压吸收塔（洗涤塔）；8—氨冷凝器；9—液氨缓冲槽；10—惰性气体洗涤塔；
11—气液分离器；12—第一甲铵冷凝器；13—第一甲铵冷凝液位槽；14—甲铵泵；15—第二甲铵冷凝器；
16—第二甲铵冷凝器液位槽；17—吸收塔；18—解吸塔，19—冷凝液收集槽；20—吸收塔给料泵；
21—解吸塔给料泵；22—第二甲铵冷凝器液位槽泵

从中压分解分离器出来的气体，送入一段蒸发器的下部加热器，利用其较高的温度蒸发尿液，回收热量后，气体温度下降到120～125℃，然后再返回中压分解系统与预分离器出来的气体一并进入洗涤塔7底部鼓泡段，用低压循环来的稀甲铵液进行吸收，约有95%的气态二氧化碳和绝大部分水蒸气被吸收生成浓甲铵液，浓甲铵液经中压甲铵泵加压后返回尿素合成塔循环使用。

在洗涤塔鼓泡段未被吸收的气体上升至填料段，用来自液氨缓冲槽9的回流液氨和惰性气体洗涤塔10来的稀氨水吸收二氧化碳，将绝大部分二氧化碳吸收生成浓甲铵液并送回合成系统。由中压吸收塔顶出来的气体氨和惰性气体（主要是N_2、O_2、H_2等），其温度约45℃，进入氨冷凝器8，用水间接冷凝为液氨流入液氨缓冲槽9的回流室，少部分液氨由回流室出来分两路进入中压吸收塔，大部分回流液氨与新鲜液氨混合后送尿素合成系统。

在氨冷凝器中未被冷凝的气氨和惰性气体去惰性气体洗涤塔10，用水冷却并用第二甲铵冷凝器液位槽16来的氨水吸收，氨水在惰性气体洗涤塔中得到增浓，气液一并进入气液分离器11，液体去洗涤塔作吸收剂，而残存的氨和惰性气体进入吸收塔17，进一步回收NH_3，剩余惰性气体由塔顶放空。增浓的稀氨水由解吸塔给料泵 21 打入解吸塔 18 进行解吸,塔下用蒸汽直接加热,使氨获得解吸,解吸废液排放,解吸气氨与精馏塔 4 顶部出来的气体合并进入第一甲铵冷凝器 12,用水冷却后,气液进入第一甲铵冷凝器液位槽 13,稀甲铵液由甲铵泵 14 送入中压吸收塔,未冷凝气进入第二甲铵冷凝器 15,用水冷却后,气液进入液位槽 16,稀氨水由泵打入惰性气体洗涤塔 10 作吸收剂,未冷凝气体与惰性气液分离器 11 出来的气体一并进入吸收塔 17,吸收残存氨后惰性气体放空。

2. 主要设备

未转化物分离与回收系统涉及设备较多,主要介绍中压吸收塔与精馏塔。

(1) 中压吸收塔(也称洗涤塔) 中压吸收塔为立式塔设备,分为上下两段。下部为鼓泡段,其中设有气体分布器,使气体分布均匀,U 形管加热器,并防止甲铵析出结晶。上部为填料式的吸收段,一般采用填料,也可采用浮塔板,其结构如图 1-37 所示。气体从入口 7 进入下部鼓泡段,通过锯齿形气体分布器,均匀流

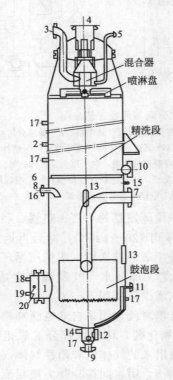

图 1-37 中压吸收塔

1—加热管束;2—温度测点;3—液氨入口;4—气体出口;
5—浓氨水入口;6—下部液氨回流入口;7—气体入口;
8—由低压甲铵泵来的物料进口;9—浓甲铵液出口;10—手孔;
11—排污孔;12—液位传送器孔;13—液位计;14,17—温度测点;
15—平衡管;16—高压甲铵泵来的物料进口;18—蒸汽进口;
19—冷凝液出口;20—压力表接口

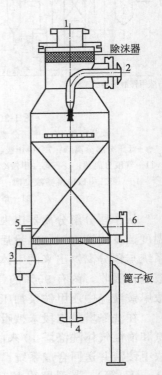

图 1-38 精馏塔

1—气体出口;2—尿素溶液进口;
3—气体进口;4—物料出口;
5—温度感应元件;6—手孔

出，经鼓泡吸收后，气相上升到填料段，通过不锈钢环，穿过喷淋板、气液分离器，这时气相中的二氧化碳几乎全部被吸收，未被吸收的气体从塔顶 4 排出。喷淋液分两路进入塔内，浓氨水由 5 引入，液氨由 3 引入，两者都以切线方向进入混合器，旋转混合，再流至喷淋盘，喷淋盘上排列着气体上升管和液体分布管。气体上升管高于液体分布管，气体上升管内装三块隔板，使气流速度过大时，不锈钢填料不致被吹出，液体分布管上分布 4 个缺口，使喷淋液从这里流出，均匀喷洒在填料上，保证填料段气液接触良好。来自低压甲铵泵的稀甲铵液从塔中部 8 进入鼓泡段，经吸收二氧化碳后成为浓甲铵液由塔底出口 9 排出。为控制吸收塔塔底温度，回流氨从塔下部液氨回流入口 6 进入，鼓泡段内设有 U 型加热管束 1，低压蒸汽由蒸汽进口 18 进入，冷凝液由冷凝液出口 19 排出。

（2）精馏塔　精馏塔为立式圆筒形填料塔，其结构如图 1-38 所示。塔内装不锈钢环填料，塔顶部设有不锈钢丝网除沫层，以防止气体带出液体。低压分解气从进口 3 引入，在填料段与塔顶进入的尿液逆流接触换热并冷凝部分水蒸气后，气体经除沫层由塔顶气体出口 1 排出。由中压分离器来的尿液从塔顶进料口 2 进入换向式喷淋器换热，在换热的同时，一部分甲铵分解、过剩氨解吸，换热后的尿液从塔底出口 4 排出。

任务二　解读二氧化碳气提法分离与回收未转化物

1. 水溶液全循环法流程的缺陷

水溶液全循环法流程是以水溶液的方式，将合成反应液中未转化成尿素的甲铵和过剩氨，进行逐级降压分解并分离，然后用水吸收，再返回合成塔。这样的流程存在以下缺点：

① 分解必须在较低的压力下进行，如果强行在高压下进行分解，则需要较高的分解温度，必将加剧尿素水解、缩二脲生成。若在低压下分解，则冷凝吸收只能在较低压力和较低温度下进行，这样，大量的低压力和温度下的甲铵生成热就不能得到回收利用，并且必须用冷却水将其移去，增加了动力消耗。

② 由于逐级降压分解和逐级冷凝吸收，就必须增设庞大的循环系统和复杂的生产操作，增加设备投资生产成本和。

③ 在一定的氨碳比范围内，吸收冷凝液压力越低，则溶液的含水量就越多，进合成塔的水碳比就越高，必将降低合成塔的转化率。

④ 高浓度的甲铵液要靠甲铵泵打回合成塔，而甲铵泵填料材料的选择和缸头腐蚀、疲劳开裂都是较难解决的问题。

2. 气提法的优势

针对以上缺点，人们经过长期研究，提出了"气提法"工艺，并在世界各地迅速得到了广泛使用。气提法基本原则就是把合成塔排出的合成反应液，在合成压力下和较高温度下在"气提塔"内与气提介质（如氨、二氧化碳或其他惰性气体）逆流相遇，使甲铵分解并将过量的氨和二氧化碳从合成液中分离出来，然后将分解气体导入一个"高压甲铵冷凝器"内，与新鲜液氨化合并冷凝为甲铵溶液，放出的热量用于副产蒸汽。由于甲铵冷凝的压力与合成压力基本相等，因此甲铵液靠重力就可以去尿素合成塔。显而易见，气提法要比一般全循环流程有较大的改进和简化。热能利用率有显著的增加。与一般水溶液全循环法相比，二氧化碳气提法的动力消耗较低，经济效果明显。

气提就是利用一种气体通入尿素合成塔出口液中，降低气相中氨或二氧化碳的分压，从而促使液相中甲铵分解和过剩氨解吸。因此，气提剂可以是氨、二氧化碳或其他惰性气体。

气提法可分为以下类型：

① 用氨作为气提剂的方法叫氨气提法；

② 用二氧化碳气提叫二氧化碳气提法；

③ 用合成氨的变换气作为气提剂的方法通称为变换气气提法。

目前多采用二氧化碳气提法，故本节重点讲述二氧化碳气提法。

一、二氧化碳气提法分离与回收原理

气提是使尿素合成反应液中的甲铵按下述反应分解为氨和二氧化碳，并将未反应物从合成反应液中分离出来的过程。

$$NH_4COONH_{2(l)} \rightleftharpoons 2NH_{3(g)} + CO_{2(g)} - Q$$

甲铵的分解是一个可逆、吸热、体积增大的反应。根据化学平衡移动原理可知，只要能够供给热量、降低反应压力或降低气相中 NH_3 与 CO_2 某一组分的分压都可使反应向右进行，以达到分解甲铵的目的。气提法就是在保持气提分解压力与合成塔相同的条件下，在供给热量的同时采用降低气相中 NH_3 和 CO_2 某组分（或 NH_3 与 CO_2 都降低）的分压的办法来分解甲铵的过程。

设总压为 p_S，则从反应式中可以看到：氨的分压为 $p_{NH_3} = \frac{2}{3}p_S$，二氧化碳的分压为 $p_{CO_2} = \frac{1}{3}p_S$，在温度为 $t\,℃$ 时反应的平衡常数 K_1 为：

$$K_1 = p_{NH_3}^2 p_{CO_2} = \left(\frac{2}{3}p_S\right)^2 \left(\frac{1}{3}p_S\right) = \frac{4}{27}p_S^3$$

假如氨和二氧化碳之比不是按 2:1 状态存在 [$n(NH_3)/n(CO_2) \neq 2$，即非纯态甲铵] 分解，而温度仍为 $t\,℃$ 时，总压力为 p，则各组分的分压为：

$$p_{NH_3} = 总压 \times 氨的摩尔分数 = px_{NH_3}$$

$$p_{CO_2} = 总压 \times CO_2的摩尔分数 = px_{CO_2}$$

式中 x_{NH_3}，x_{CO_2}——分别为气体中氨、二氧化碳的摩尔分数。

在该温度下反应的平衡常数表示为：

$$K_1 = p_{NH_3}^2 p_{CO_2} = [px_{NH_3}]^2 [px_{CO_2}] = p^3 x_{NH_3}^2 x_{CO_2}$$

因温度相同平衡常数应相等，所以当温度为 $t\,℃$ 时，有关系式：

$$\frac{4}{27}p_S^3 = p^3 x_{NH_3}^2 x_{CO_2}$$

则 $p = \dfrac{0.53}{\sqrt[3]{x_{NH_3}^2 x_{CO_2}}} p_s$

而纯甲铵在一定温度下的离解压力为一常数，即 $p_s = G$（常数）。

则 $p = \dfrac{0.53G}{\sqrt[3]{x_{NH_3}^2 x_{CO_2}}}$

所以，从上式可以看出，向合成反应液中通入大量的二氧化碳气体气提时，则 $x_{CO_2} \to 1$，$x_{NH_3} \to 0$，$\sqrt[3]{x_{NH_3}^2 x_{CO_2}} \to 0$，$p = \dfrac{0.53G}{\sqrt[3]{x_{NH_3}^2 x_{CO_2}}} \to \infty$，也就是 $p \to \infty$。即甲铵的离解压力趋近于无穷大，采用任何操作压力均小于甲铵的离解压力。如果甲铵在某温度下的离解压力大于操作压力，甲铵就会自动分解。现甲铵的分解压力为无穷大，大于任何操作压力，所以在此条件下液相中甲铵就可自行分解为氨和二氧化碳，这就是二氧化碳气提法分解甲铵的原理。

同理，当 $x_{NH_3} \to 1$ 时，$x_{CO_2} \to 0$，同样 $p \to \infty$，即用氨气体通入合成液时，气相几乎全为 NH$_3$（$x_{NH_3} \to 1$），$x_{CO_2} \to 0$，$p \to \infty$，即甲铵离解压力仍趋近于无穷大，任何操作压力均小于甲铵的离解压力，甲铵就得到分解，这就是氨气提法分解甲铵的原理。

氨气提与二氧化碳气提相比，哪个方法的优点多些，还是一个有争论的问题。但是从气提后溶液易于处理的角度来看，由于氨在水中的溶解度较二氧化碳高得多，这样二氧化碳气提后溶液中溶解的二氧化碳，较氨气提后溶液中的氨要少得多，所以经二氧化碳气提后，只用一段低压分解就能使溶液中残留的氨和二氧化碳得到完全分离。而氨气提后，仍与常见水溶液全循环法一样，需要两段分解。因此，用二氧化碳气提流程简单、设备较少，有其突出之处。

图 1-39 为气相平衡压力及分压和组成的关系。在任何温度下，只要 NH$_3$ 或 CO$_2$ 两个组分中一个组分过量，则甲铵的平衡压力都可以升得很高，甚至趋于无穷大，即取任何操作压力都小于甲铵分解的平衡压力。

在二氧化碳气提法中，由合成塔出来的溶液进入气提塔顶，与底部进入的大量纯二氧化碳气体在管内逆流接触，间壁用蒸汽加热，在加热和气提的双重作用下，促使溶液中的甲铵分解，并减小了游离氨、二氧化碳在溶液中的溶解度，使未转化成尿素的物质在高压下分离比较完全。气提法尿素生产过程中，合成和气提以及高压甲铵的冷凝都是在高压状态下进行的，三者之间的关系可通过 NH$_3$-CO$_2$ 二元体系和 NH$_3$-CO$_2$-U·H$_2$O 似三元体系的相平衡来进行分析。

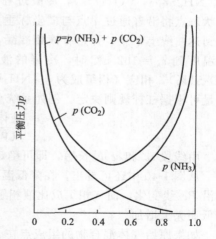

图 1-39 气相平衡压力及分压和组成的关系

1. NH$_3$-CO$_2$ 二元体系的气液平衡

进入高压甲铵冷凝器的物料有液氨、

浓甲铵液和气提塔来的氨和二氧化碳气体，其中主要成分为 NH_3 和 CO_2，水和尿素较少（约 6％以下），故可近似看作 NH_3-CO_2 二元体系。

图 1-40 为 NH_3-CO_2 二元体系的气液平衡图（压力 13.5MPa），图中纵坐标表示温度，横坐标表示氨和二氧化碳的浓度，图中曲线上方标有 "G" 的区域为气相区，曲线下方标有 "L" 的区域为液相区，"G+L" 的区域为气液两相区。B 点为共沸点，共沸点的温度即为气相冷凝的最高温度，该点对应的温度为 164.8℃，对应的组成为 NH_3 48％、CO_2 52％，$n(NH_3)/n(CO_2)=2.38$。在不同压力下，NH_3-CO_2 二元体系的共沸点不同，共沸点的对应组成也略有差异，压力越高，共沸点也越高，氨碳比也相应增高，但增加量较小。

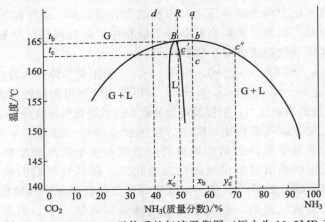

图 1-40　NH_3-CO_2 二元体系的气液平衡图（压力为 13.5MPa）

氨和二氧化碳冷凝生成甲铵，在不同温度下的气液组成及气体量和液体量可从图 1-40 上表示出来，如体系 a 的气体混合物，假设 $n(NH_3)/n(CO_2)$ 为 2.89（即 NH_3 53％，CO_2 47％），冷凝过程中，随着温度降低，组成不发生变化，体系的状态点将沿着通过 a 点与横坐标垂直的直线向下移动，当温度降到 t_b 时，体系点到达曲线上 b 点，开始有液相冷凝，液相组成为 x_b，而气相组成不变，继续降低温度到 $t_c=162.5℃$ 时，冷凝的液体量逐渐增多，液相组成为 x_c'（NH_3 49％，CO_2 51％），相应气相组成为 y_c''（NH_3 68％，CO_2 32％），在此温度下，气液两相的数量可根据杠杆规则决定。例如系统点移到 c 时：

$$\frac{液体量\ G_c'}{气体量\ G_c''}=\frac{cc''}{cc'}$$

由线段 cc'' 和 cc' 的长短，即可确定液体和气体量的比值。

从图 1-40 中还可看出，在降低温度的过程中，液相组成沿 Bc' 线变化，气相组成沿 Bc'' 线变化，而气相组成比液相组成变化大些，即气相中氨含量随冷凝温度的降低而大大增加。

如果原始气体混合物的组成点在 B 点的左方（如图中的 d 点），在降低温度的过程中，则气相中氨含量随冷凝温度的降低而减少，而二氧化碳的含量则随温度的降低而增加。

若进入高压甲铵冷凝器的原始气体混合物是共沸组成时，即图上 R 点，当温度降低到共沸温度 164.8℃时，开始出现液相，一直到所有的气体都冷凝为液体后，温度才继续下降，故在相同的温度下，能得到较多的冷凝液。另外，由于冷凝温度最高，在冷却水温度一定时，冷凝器管内外温度差为最大，即热回收效率最高，单从甲铵的冷凝来考虑，采用共沸组成进料是最好的操作条件。合成塔的操作是在绝热情况下进行的，假若氨和二氧化碳全部都在高压冷凝器中冷凝，则合成塔中的热平衡就无法维持，而甲铵脱水反应所需要的热量，就只能由物料本身的显热供给，这就使合成塔的出口温度低于入口温度，对于合成尿素的生产是不允许的。

为了在合成塔中保持适当的反应热，以维持塔内热平衡，离开高压冷凝器的物料中，须含有一定数量的气态氨和二氧化碳，以备进入合成塔后再冷凝生成甲铵，因此，进入高压冷凝器的物料组成，不应是该压力下的共沸物组成，而应在共沸点组成的右方较为合适。这是因为共沸点的组成 n（NH_3）/n（CO_2）为 2.38，而实际生产上要求 n（NH_3）/n（CO_2）大些，所以物料组成适宜在共沸点的右方，按合成要求，n（NH_3）/n（CO_2）＝2.89，即 NH_3＝53%、CO_2＝47% 为最佳，此时冷凝温度为 162.5℃，其热回收效率较高。

2. NH_3-CO_2-U·H_2O 似三元体系的气液平衡

（1）合成尿素过程的 NH_3-CO_2-U·H_2O 似三元体系相图　在合成尿素过程中，组成合成液的组分有 NH_3、CO_2、U（代表尿素）和水，按理应为四元体系，应该用恒温、恒压下的 NH_3-CO_2-U·H_2O 四元体系的立体相图来表示，同时体系又是处在超临界的条件下，因而是一个比较复杂的相图。为了简化起见，可近似地把整个体系看成是 NH_3-CO_2-U·H_2O 的似三元体系，其理由是：在高温下合成尿素时，塔内始终无单独尿素析出，其次是随甲铵液返回合成塔的水量很少，水的主要来源是甲铵转化为尿素时产生的，而生成的尿素和水量为等摩尔，此外，水的挥发性比氨和二氧化碳小得多，可近似地认为水只存在于液相中，气相中几乎没有水，因此，可将尿素和水视为一个组分，将四元体系近似地看成三元体系，用三角坐标表示。

图 1-41 为 NH_3-CO_2-U·H_2O 体系在高压下的气液平衡相图，等边三角形的三个顶点分别表示 NH_3、CO_2、U·H_2O 的纯组分点，垂直于三角形平面的坐标表示温度，各温度下的系统组成用三棱柱内的点表示。

由图 1-42 看出，沸点组成的气相冷凝点和液相沸点不再重合，共沸物消失，不同组成下的最高沸点组成液体顶脊线即为沸点线，不同组成下的气相最高冷凝点组成气体顶脊线即为冷凝线。如果在三棱柱体内，以温度作等温平面，则与上述很多的气液平衡的液体面相交，得到各个温度下气液平衡的等温线，将沸点线和各等温线投影在一个平面上，即得到 NH_3-CO_2-U·H_2O 体系的等压多温气液平衡相图，如图 1-42 所示。在等温等压下，体系中溶液由于供热或移走热量，其组成必然沿等温线移动。当尿素及水的含量一定时，顶脊线上的气液平衡温度最高，升高温度时液相区缩小而气相区增大。

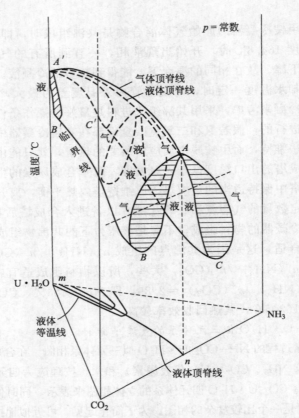

图 1-41　NH_3-CO_2-U·H_2O 体系在高压下的气液平衡相图

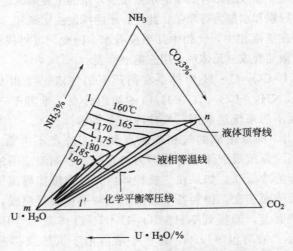

图 1-42　NH_3-CO_2-U·H_2O 体系的等压多温气液平衡相图

（2）二氧化碳气提过程在 NH_3-CO_2-U·H_2O 体系平衡相图中的表示 尿素合成塔出口溶液在等温等压条件下进入气提塔，从上而下在气体管内与二氧化碳逆流接触，管外用蒸汽加热，合成液中的甲铵分解和过剩氨解析。气提过程可用等温等压下的 NH_3-CO_2-U·H_2O 体系的气液平衡相图表示，如图 1-43 所示。

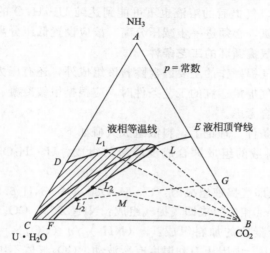

图 1-43 NH_3-CO_2-U·H_2O 体系溶液二氧化碳气提过程相图

在等压条件下，如果进入气提塔的液相组成点在液相顶脊线上方的液体等温线上，如图中 L_1 点，在气提的过程中，由于 CO_2 气不断通入溶液，CO_2 浓度增加，系统点不断地沿着 L_1B 向 CO_2 顶点移动。在气提初期通入的 CO_2，完全被溶液所吸收，未能达到气提的目的，继续通入 CO_2，系统点移出液相区后，系统才变为气液两相。因而单从气提的角度考虑，入气提塔的溶液组成点处在顶脊线上方的液相等温线上是不合理的。

如果进入气提塔的溶液组成点是在顶脊线下方的液相等温线上，如图中 L_2 点，那么在 CO_2 气提过程中，系统点沿着 L_2B 向 CO_2 顶点移动，进入气液共存区，过程中无吸收情况，即一开始通入 CO_2 进行气提，就一直形成一个组成中含 NH_3 和 CO_2 的新气相。随着 CO_2 的不断通入，系统点从 L_2 向 CO_2 顶点移动的过程中，溶液组成从 L_2 点沿着等温线向 U·H_2O-CO_2 边移动，而气相组成点则沿 NH_3-CO_2 边向着 NH_3 的方向移动，假如气提过程进行到系统点 M 时，溶液的组成为 L_2'，气相组成点在 L_2'、M 两点连接线的延长线与 NH_3-CO_2 边的交点 G 处，此时气相和液相的质量比为：$\dfrac{G_{\text{气}}}{G_{\text{液}}} = \dfrac{ML_2'}{MG}$

通过以上讨论可以得出两点结论：一是在 CO_2 气提过程中，NH_3 和 CO_2 逐渐从溶液中被气提出来，而剩下的溶液中尿素含量越来越高。二是从有利于气提的目的来说，把进入气提塔的溶液组成点选择在液相顶脊线上方的液相等温线上是不合适的，应该选择在顶脊线的下方为好。

但是，从合成的角度来看，溶液的组成点处在液相顶脊线下方的液相等温线上是不合理的，因为此时的 n（NH_3）/n（CO_2）比较小，对提高 CO_2 转化率是不利的。因此，进入气提塔溶液组成的选择必须从气提和合成两方面加以考虑，把进入气提塔的溶液组成点，选择在液相顶脊线上是比较合适的，如图中 L 点。

从图 1-43 可以看出，由于原料二氧化碳的限制，气提过程最终出塔气体不可能完全是二氧化碳，气提后的溶液也不可能到达纯 U·H_2O 的顶点，溶液中还会有少量甲铵及过剩氨，必须进一步减压分离，故应设置低压分离回收系统。

二、二氧化碳气提循环的工艺条件

影响二氧化碳气提操作的主要因素除料液组成外，还有压力、温度、液气比和停留时间等。选择气提最适宜的工艺条件时，应根据甲铵冷凝、气提和尿素合成等各方面条件加以综合考虑。

（1）料液组成条件　理论上，料液组成大概如下。

① 气提塔进料液的组成即合成反应液的组成：U·H_2O55％、$NH_3$28.5％、$CO_2$16.5％。

② 气提后溶液即气提液组成为：U·H_2O85.5％、$NH_3$6.5％、$CO_2$8％。

③ 气提塔出口气相的组成即气提气组成：$NH_3$39％、$CO_2$61％。

④ 高压甲铵冷凝器的加料组成：n（NH_3）/n（CO_2）＝2.9，相当于 $NH_3$53％、$CO_2$47％。生产中因压力和温度有所波动，CO_2 气体不纯，故入气提塔料液组成为 n（NH_3）/n（CO_2）＝2.8～2.9，即 $NH_3$28％～29％、$CO_2$16％～17％、U·H_2O54％～56％，出气提塔料液组成为 $NH_3$6.7％～7.2％，$CO_2$8.3％～8.8％、U·H_2O84％～85％，出气提塔气体组成为 $NH_3$40％、$CO_2$60％。

（2）温度条件　气提过程中温度是很重要的因素，因为甲铵分解、过剩氨和游离二氧化碳的解吸要吸收大量的热量，所以在设备材质允许的情况下，应尽可能提高气提操作温度，以利于气提过程的进行。但是，如果温度太高，设备腐蚀严重，同时，尿素的缩合与水解副反应加剧，而消耗的加热蒸汽增大，对提高尿素质量和产量、降低消耗均不利。通常气提塔内操作温度与合成塔内合成温度相等，一般不高于200℃，气提管外用 2.1MPa 中压蒸汽（MS）加热，以维持塔内操作温度。

（3）压力条件　从气提的要求来看，采用较低的气提压力，有利于甲铵的分解和过剩氨的解吸，并可减少低压分离与回收负荷，同时可提高气提效率。但是，实际生产中为了更充分地回收反应热，降低冷却水和能量消耗以及保证合成二氧化碳转化率，应采用与合成等压的条件进行气提。

（4）液气比条件　气提塔的液气比是指进入气提塔的合成反应液与进入气提塔的二氧化碳气体的质量比。它是由尿素合成反应本身的加料组成确定的，不能任意改变。生产中合成塔出来的合成反应液全部进入气提塔，而作为原料的二氧化碳气体也全部进入气提塔。根据物料衡算，进入气提塔的二氧化碳气体应当满足尿素合成反应的需要，以保持物料平衡。物料衡算如下：

由尿素合成总反应式可以进行理论计算，每生产 1000kg 尿素需要的二氧化碳气量为：

$$1000 \times 44/60 = 733(kg)$$

在生产中有过剩氨存在，从尿素合成塔出来的合成反应液中尿素的含量约为35.2%，对于每1000kg进入气提塔中的合成反应液需要的二氧化碳量为：

$$733 \times 352/1000 = 258(kg)$$

因此气提塔中物料的液气比为：1000/258 = 3.87

为保证每根管子内有足够的流量，防止干管所造成的严重腐蚀，一般气提塔内液气比均控制在4左右。

液气比的控制很重要，塔内液气比太高时，气提效率显著下降。液气比太低，易形成干管，此时由于气提管缺氧会造成严重腐蚀。另外，当塔内气液分布不均匀时，就会出现局部的液气比偏高或偏低，使气提效果变差，出塔液中氨气含量偏高。实践证明，如果进入一根管子的液体质量增加10%，气提后这根管子流出的液体中的氨的质量分数将增加1.5%。对所有气提管而言，若其中有1/3管子注入液体量大于正常流量的30%，另外1/3管子注入液体量降低30%，则总的结果会使出口液体中氨的质量分数增加1.5%。因此，除了控制气提塔总的液气比外，还要严格要求气提塔中的液气分布均匀。

（5）停留时间　从尿素合成塔出来的溶液与气提塔底进入的二氧化碳气，在气提管内逆流接触实现气提，如果尿素溶液在气提塔内停留时间太短，达不到气提的要求，甲铵来不及分解和过剩氨来不及解吸，会造成出塔液总氨含量增高，从而增加了低压循环分解工序的负荷。但停留时间太长，气提塔生产强度降低，同时使尿素溶液中尿素的水解与缩合副反应加剧，影响产品产量和质量，而严重腐蚀设备。因此，一般气提塔内合成反应液停留时间接近1min为宜，这时甲铵分解率可达80%，总氨蒸出率约85%。

由气提过程分析可知，在气提操作条件下，不可能使尿素溶液中甲铵和过剩氨完全分解和解吸，因此，气提后的溶液，还应降低压力，进行低压加热分解和分离。低压加热分离与回收的原理与水溶液全循环法类似，其工艺条件的选择也基本相同，但也有所差异。低压分离的工艺条件为：分离压力选择为0.25～0.3MPa，分离温度为125～145℃。低压吸收压力略低于分离压力，而吸收温度则由溶液组成而定，由于二氧化碳气提法低压分离气浓度比水溶液全循环法高，故低压吸收液稀甲铵浓度也较高，一般控制在 $n(NH_3)/n(CO_2) = 2 \sim 2.5$ 范围内，其结晶温度为50℃，故低压吸收温度控制在70℃左右。

三、二氧化碳气提工艺流程及主要设备

二氧化碳气提工艺主要包括：二氧化碳压缩、液氨升压、合成和气提、蒸发、解吸和水解以及造粒等工序。

1. 工艺流程

合成氨装置来的二氧化碳气体，经过二氧化碳液滴分离器与来自合成氨装置的工艺空气混合（空气量为二氧化碳气体体积的4%），进入二氧化碳压缩机。二氧化碳出压缩机三段后进入脱硫装置脱硫，经脱硫后，二氧化碳进压缩机四段以前

（压力为 2.0～2.5MPa）进入脱氢反应器，脱氢反应器内装有铂系催化剂，操作温度：入口≥150℃，出口≤200℃。脱氢的目的是为了防止高压洗涤器排出气发生爆炸。在脱氢反应器中氢气被氧化成水，脱氢后二氧化碳中氢及其他可燃性气体含量小于 100mg/kg。二氧化碳压缩机设有中间冷凝器和分离器。二氧化碳压缩机设有两个回路，以适应尿素生产负荷的变化。生产中多余的二氧化碳由放空管放空，进入二氧化碳压缩机的气量，应超过压缩机的喘振点。

二氧化碳气提法合成、气提、循环、回收过程的工艺流程如图 1-44 所示。

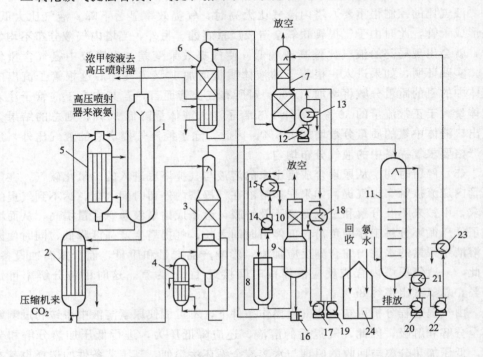

图 1-44　二氧化碳气提法合成、气提、循环、回收过程的工艺流程

1—尿素合成塔；2—二氧化碳气提塔；3—精馏塔；4—循环加热器；5—高压甲铵冷凝器；
6—高压洗涤器；7—吸收塔；8—低压甲铵冷凝器；9—低压甲铵冷凝器液位槽；
10—吸收器；11—解吸塔；12—吸收塔循环泵；13—循环冷凝器；14—低压冷凝循环泵；
15—低压冷凝器循环冷却器；16—高压甲铵泵；17—吸收器循环泵；18—吸收器循环冷却器；
19—闪蒸槽冷凝液泵；20—解吸塔给料泵；21—解吸塔热交换器；22—吸收塔给料升压泵；
23—顶部加料冷却器；24—氨水槽

液氨来自合成氨装置，压力为 2.3MPa（绝压），温度为 20℃，进入高压氨泵的入口。液氨流量在一定范围内可以自调，并设有副线以备开停车及倒泵用。主管线装有缓冲罐及流量计，缓冲罐上部接到氨储存罐的气相空间，其作用为：

① 为了防止高压液氨泵的脉冲影响流量计的准确性；

② 用以将所排放的气体氨送回氨储罐。

液氨经高压氨泵加压至 18MPa（绝压）。高压液氨送到高压喷射器作为喷射物料，将高压洗涤器来的浓甲铵液带入高压甲铵冷凝器。高压液氨以及高压液氨泵以后的管线均设有安全阀，以保证装置生产安全。

合成塔、气提塔、高压甲铵冷凝器和高压洗涤器四个设备构成尿素生产高压圈，这是二氧化碳气提工艺的核心部分。这四个设备的操作条件是统一考虑的，以期达到尿素的最大产率和最大限度地回收热量，副产蒸汽。

尿素合成反应液从合成塔 1 内上升到正常液位，温度上升到 $183 \sim 185 ℃$，物料在塔内停留约 1h，二氧化碳转化率约为 58%，相当于平衡转化率的 90%。合成液从溢流管溢流由塔底部排出，经液位控制阀流入气提塔 2 的上部，经塔内液体分布器均匀流入每根气提管内，沿管壁形成液膜下降，与气提塔底部进入的二氧化碳气在管内逆流接触进行气提，分配器液位的高低起着自动调节管内流量的作用，气提塔管外用 2.1MPa 蒸汽加热，将大部分甲铵分解和过剩氨解吸，氨蒸出率约为 85%，甲铵分解率约为 75%，气提后的尿液由塔底引出，这时合成液中含有 8% 的氨和 10% 的二氧化碳，经自动减压阀降压到 $0.25 \sim 0.35MPa$（绝压），合成液中 41.5% 的二氧化碳和 69% 的氨得到闪蒸，由于降压，甲铵和过剩氨进一步分解、汽化而吸取尿液内部的大量热量，使溶液温度从 170℃ 下降到约 107℃，气液混合物进入精馏塔 3 中并喷洒在填料上，精馏塔上部为填料段，起着气体精馏作用，下部为分离器。尿液从精馏塔填料段底部流入循环加热器 4 下部加热器管内，用高压洗涤器 6 来的循环热水在管外加热使其温度升至 126℃ 左右，再进入循环加热器上部管内，用 0.4MPa（绝压）饱和蒸汽在管外加热至尿液温度升至 135℃ 左右，返回精馏塔下部分离段，在此气液分离，分离后的尿液含极少量的甲铵和过剩氨，主要是尿素和水，从精馏塔底部引出，液体经液位控制阀流入闪蒸槽，压力约为 0.015MPa（绝压），温度从 135℃ 降至 91.6℃，有相当一部分水、氨和二氧化碳被闪蒸出来，闪蒸气进入闪蒸槽冷凝器中去冷凝，离开闪蒸槽的尿液浓度为 $70\% \sim 72\%$，流入尿液储槽。

从气提塔顶部出来的温度为 $180 \sim 185 ℃$ 的气体，与新鲜氨及高压洗涤器来的甲铵液在 14.1MPa（绝压）下混合并进入高压甲铵冷凝器 5 管内，原料液氨和回收的甲铵液反应，大部分生成甲铵，其反应热由管间副产蒸汽移走，根据副产蒸汽的压力高低，可以调节氨和二氧化碳的冷凝程度，但要保留一部分去合成塔内冷凝，以补偿在合成塔内甲铵转化成尿素所需的热量，而达到自热平衡。所以把控制副产蒸汽压力作为控制合成塔温度和压力的条件之一。

在冷凝器中冷凝反应后的甲铵液及未反应的 NH_3、CO_2 气分两路进入尿素合成塔底部，在此未反应的 NH_3、CO_2 继续反应，同时甲铵脱水生成尿素，尿素合成塔顶部引出的气体（主要含 NH_3、CO_2 及少量 H_2O、N_2、H_2、O_2 等气体），温度约为 $183 \sim 185 ℃$，进入高压洗涤器 6 上部的防爆空间，再引入高压洗涤器下部的浸没式冷凝器冷却管内，管外用封闭的循环水冷却，使管内充满甲铵液，未冷凝的气体在此鼓泡通过，其中的 NH_3 和 CO_2 大部分被冷凝吸收，还有少量 NH_3、CO_2 及惰性气体再进入填料段。由高压甲铵泵 16 打来的甲铵液经由高压洗涤器顶部中央循环管，进入填料段与上升气体逆流相遇，气体中的 NH_3 和 CO_2 再次被吸收，吸收 NH_3 和 CO_2 后的浓甲铵液温度约为 160℃，由填料段下部引入高压喷射器循环使用。

未被吸收的气体由高压洗涤器顶部引出经自动减压后进入吸收塔 7 下部，闪蒸槽冷凝液泵 19 从氨水槽 24 中抽来的氨水与吸收塔底部出来经循环泵 12 和循环冷却器 13 的部分循环液一起喷洒在填料床上，另一部分循环液进入吸收器 10 的顶部作吸收剂。解吸塔给料泵 20 从氨水槽中抽出氨水，有一部分经吸收塔给料升压泵 22 和顶部加料冷却器 23 后喷洒在填料床上，气体经吸收塔两段填料与液体逆流接触后，将气体中所含的 NH_3 和 CO_2 几乎全部吸收，惰性气体由塔顶放空。

由精馏塔下部的分离段出来的气体经气囱与喷淋液在填料段逆流接触，进行传质和传热，尿液中易挥发组分 NH_3、CO_2 从液相中解吸并扩散至气相，气体中难挥发组分水冷凝至液相，在精馏塔底得到难挥发组分尿素和水含量多的溶液，而气相得到含易挥发组分 NH_3 和 CO_2 多的气体，这样降低了精馏塔出口气体中的水含量，以利于减少循环甲铵液中的水量。由精馏塔顶引出的气体和与解吸塔 11 顶部出来的气体一并进入低压甲铵冷凝器 8，与低压甲铵冷凝器液位槽 9 来的部分溶液在管间相遇，冷凝并吸收，其冷凝热和生成热靠循环泵 14 和冷却器 15 强制循环冷却，然后气液混合物进入液位槽 9 进行气液分离，分离出的气体进入吸收器 10 的填料层，吸收剂是由吸收塔来的部分循环液和吸收器本身的部分循环液，经吸收器循环泵 17 和吸收器循环冷却器 18 冷却后喷洒在填料层上，气液在吸收器填料层逆流接触，将气体中的 NH_3 和 CO_2 吸收，未能被吸收的惰性气体由塔顶放空，吸收后的部分甲铵液由塔底排出，经高压甲铵泵 16 升压至 14.1MPa，送入高压洗涤器作吸收剂。

闪蒸冷凝液和蒸发冷凝液均含有一定量的氨和少量的二氧化碳，回收进入氨水槽。蒸发系统回收的稀氨水进入氨水槽 24，大部分经解吸塔给料泵 20 和解吸塔热交换器 21 打入解吸塔 11 顶部，塔下用 0.4MPa 蒸汽直接加热，使氨水中氨得到解吸，解吸后的分解气由塔顶引出送低压甲铵冷凝器回收利用，解吸后的废水由塔底排放。

氨水槽内用隔板分为三个间隔（二小一大），各间隔之间在下部有孔连通，因此，液位相同但不完全相混。大间隔用来储存工厂排放液或冲洗的工艺液体。闪蒸冷凝液流入第一小间隔，因为含氨和二氧化碳较多，用泵送至低压甲铵冷凝吸收系统。一、二段蒸发冷凝液流入第二小间隔后，一路用吸收塔给料泵送往吸收塔，另一路由解吸塔给料泵经过解吸塔换热器，加热到 117℃ 送到第一解吸塔上部，解吸出氨和二氧化碳。解吸塔的操作压力为 0.3MPa（绝）。出第一解吸塔的液体，经水解塔给料泵加压到 1.7MPa（绝），经水解塔换热器换热后，进入水解塔的上部。水解塔的下部通入 1.7MPa（绝）以上的蒸汽，使液体中所含的少量尿素水解成氨和二氧化碳。气相进入第一解吸塔上部，液相经水解塔换热器换热后温度为 151℃，进入第二解吸塔上部，操作压力为 0.3MPa（绝），塔下部通入 0.4MPa（绝）的蒸汽进行解吸，塔底温度为 134℃，从液相中解吸出来的氨和二氧化碳及水蒸气，直接导入第一解吸塔的下部，与第一解吸塔的液体进行质热交换，出第一解吸塔的气体，含水量小于 40%，在回流冷凝器中冷凝。冷凝液一部分作为回流液回流到第一解吸塔的顶部，进行质热交换，以减少出塔气相的含水量；另一部分冷凝液，送到低压甲铵冷凝器。未被冷凝的气体进入吸收塔，进一步回收氨和二氧化碳后放空。在第二解吸塔解吸后的液体含氨小于 $3\sim5mg/kg$，尿素小于 $3\sim5mg/kg$，经解吸塔换热器换热和废水冷却器冷却后送出尿素界区。

2. 主要设备

（1）气提塔

气提塔是一个直立式列管换热器，其结构如图 1-45 所示。

在壳侧用水蒸气供热维持操作温度，管内合成反应液（$180\sim185℃$）自上而下成膜与下部来的二氧化碳逆流相遇，使未反应物得到分解和汽化。

因换热管是在高温、强腐蚀介质中操作的，因而对材料的要求很高，管子材料为特制的低碳不锈钢，管子固定在上下管板上，为了使液体均匀分配到每根管中，在上管板上装有液体分布器，它由与管子相同数目的接管和分配头组成。从合成塔来的尿液从 1 进入管板上面半环形的受液槽中，然后通过上面的孔，流到管板面，并在此保持一定的液面，每根管子的分配头上有 3 个互成 $120°$ 的小孔，液体通过这些小孔沿管内壁均匀往下流，从而在管壁上形成液膜，由气提塔下部 3 进入的 CO_2 气体经由气体分布器

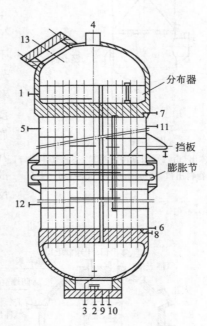

图 1-45　气提塔

1—合成液进口；2—气提液出口；3—CO_2 进口；4—气提气出口；5—蒸汽进口；6—冷凝液出口；7—放空管；8—残液排放口；9—液位传送器接管；10—爆破板；11—高液位报警接管；12—惰性气体出口；13—人孔

分散到每一根管子中，上升的气体与呈膜状往下流的液体逆流接触进行气提，未反应物分解与汽化需要的热量由管外加热蒸汽供给，气提后的尿液由底部 2 流出，分解气随同 CO_2 气一起，从每根管子顶端出来，在上封头汇集后由 4 送入高压甲铵冷凝器。从合成塔来的尿液中夹带的一些气体，在进入分布器时部分气液分离而逸入气相与分解气汇集后离开气提塔。

（2）精馏塔　如图 1-46 所示，由精馏塔下部分离段出来的气体，经气囱与喷淋液在填料段逆流接触。尿液中易挥发组分 NH_3、CO_2 从液相解吸并扩散到气相，

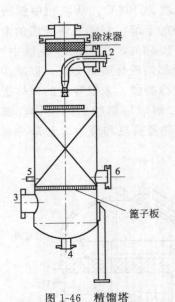

图 1-46　精馏塔

1—气体出口；2—尿素溶液进口；3—气体进口；
4—物料出口；5—温度感应元件；6—手孔

气体中难挥发组分水向液相扩散，在精馏塔底得到难挥发组分尿素和水含量多的溶液。在精馏塔顶得到含易挥发组分 NH_3 和 CO_2 多的气体，这样降低了精馏塔出口气体中的水含量，利于提高循环甲铵液中甲铵的含量。

（3）高压洗涤器　高压洗涤器是回收合成塔顶部出来的惰性气体中 NH_3 和 CO_2 的重要设备，其结构如图 1-47 所示。高压洗涤器由三部分组成：上部为为了预防爆炸而充满惰性气体的防爆空腔，中部为鼓泡吸收段，下部为浸没式冷凝段。从合成塔导入的气体，先进入上部空腔，作为防爆的惰性气体（氨和二氧化碳之和大于 89%），然后导入下部浸没式冷凝段，与从中心管流下的甲铵液在底部混合，在列管内并流吸收，采用并流上升的方式是为了防止在塔底形成太浓的甲铵液而结晶。吸收作用是甲铵的生成放热过程，反应热由管间冷却水带走，管内得到温度约

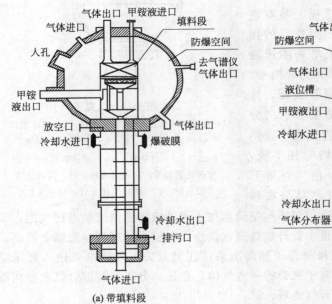

(a) 带填料段

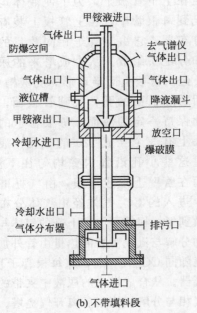

(b) 不带填料段

图 1-47　高压洗涤器结构

为160℃的浓甲铵液（水为23％、氨碳比2.5），管间冷却水温从80℃升高到95℃。95℃的水在循环加热器中放热，并在高压洗涤器循环水冷却器中调节温度至80℃（温度不宜太低以防止管内析出结晶），经高压洗涤器循环水泵循环使用。为了防止冷却水沸腾汽化设有恒压泵，以保持压力。在下部浸没式冷凝段未被冷凝的气体进到中部的鼓泡段。经鼓泡吸收后的气体尚含有一定数量的氨和二氧化碳进入低压吸收塔吸收。

从合成塔至高压洗涤器的管道，除设有安全阀外，还装有分析取样阀，通过对气相成分的分析，测得气相中氨、二氧化碳及惰性气体含量，从而判断合成塔的操作是否正常。

从高压洗涤器中部溢出的浓甲铵液，其压力与合成塔顶部的压力相同。为将其引入较高压力的高压甲铵冷凝器（约高出0.3MPa），必须用喷射器。来自高压液氨泵的液氨压力约为16MPa（绝压），进入高压喷射器，将高压洗涤器来的浓甲铵液升压，而一并进入高压冷凝器的顶部。高压喷射器设在与合成塔底部相同的标高。从合成塔底部引出一股反应液与高压洗涤器的浓甲铵混合，然后一并进入高压喷射器。引出这股合成液的目的：

①为了保证经常有足够的液体来满足高压喷射器的吸入要求，而不必为高压洗涤器设置复杂的流量或也为控制系统；

②合成塔引出的合成反应液中含有一定量的尿素，可提高高压甲铵冷凝器中液体的沸点，有利于副产蒸汽。

为了减少鼓泡段爆炸的可能性，应尽量减小其上部的气体空间，由合成塔来的

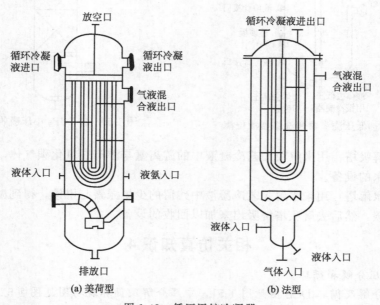

图1-48 低压甲铵冷凝器

气体由 5 进入高压洗涤器上部的防爆空间形成非爆炸性的保护气氛，然后从 6 引出，由 1 进入浸没式冷却器的底部，由于管内充满甲铵液，气体在此鼓泡通过，气体中大部分 NH_3 和 CO_2，在此被冷凝、吸收成甲铵。洗涤后的不凝性惰性气体中仍含有少量 NH_3 和 CO_2，再进入吸收段吸收，未被吸收的气体由塔顶 3 引出。洗涤液由 2 进入，经喷头喷洒在填料层上，液体一部分从套筒溢流由 4 排出至高压喷射器，另一部分流入漏斗到中心管至下部浸没式冷凝段，形成内部循环以增大吸收效果和提高甲铵液浓度。

（4）低压甲铵冷凝器　用来回收精馏塔顶尾气及解吸塔顶解吸气中氨气与二氧化碳气体的设备，如图 1-48 所示。

（5）低压洗涤器及洗涤器液位槽　用来进一步回收低压甲铵冷凝器未冷凝的气体中的氨气与二氧化碳气体及储存稀甲铵液的容器，如图 1-49 所示。

（6）中压吸收塔　用来回收高压洗涤器未洗涤干净的气体中的氨气和二氧化碳气体的设备，如图 1-50 所示。

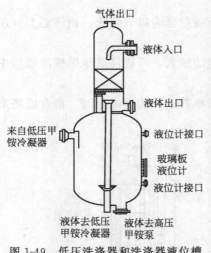

图 1-49　低压洗涤器和洗涤器液位槽

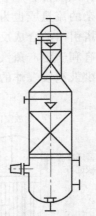

图 1-50　0.6MPa 中压吸收塔

（7）解吸塔　用来解吸工艺冷凝液中的游离氨与游离二氧化碳气体，得到解吸气和净化水的设备。

（8）水解塔　用来水解工艺冷凝液中残留的少量尿素与甲铵，得到游离氨与游离二氧化碳，然后去解吸塔解吸出来加以回收的设备。

相关仿真知识 4

1. 中压分解和循环

中压分解及循环 DCS 图见图 1-51，中压分解及循环现场图见图 1-52。

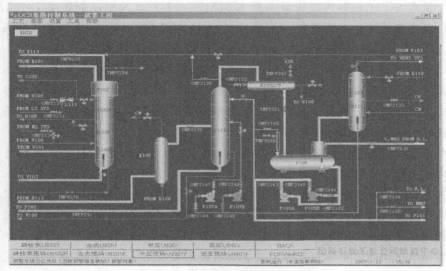

图 1-51　中压分解及循环 DCS 图（U9301）

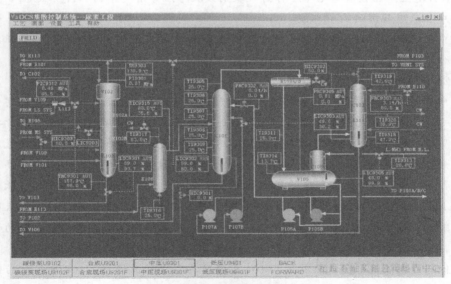

图 1-52　中压分解及循环现场图（U9301F）

U9301 中压分解与循环工段	V-102（中压分解塔分离器） E-102（A/B 中压分解塔） L-102（中压分解塔底部用罐） E-106（中压分解气冷却器） C-101（中压吸收塔） E-109（A/B 氨冷凝器）	V-105（氨槽） C-105（氨吸收塔） E-111（中压氨吸收器） C-103（中压惰洗塔） V-113（排气筒）

气提塔 E 101 底部的溶液减压到 1.67MPa（表）进入中压分解塔 E-102A/B，未转化成尿素的甲铵在此分解，上部 E-102A 壳侧用 0.49MPa（表）蒸汽加热，下部 E-102B 壳侧用气提塔出来的 2.17MPa（表）蒸汽冷凝液加热。

从中压分解塔分离器 V 102 顶部出来的中压分解气含有大量 NH_3 和 CO_2，先送到真空预浓缩器 E-113 壳侧进行热能回收，在此被自低压回收段来的溶液部分吸收冷凝为碳铵溶液，然后进入中压分解气冷却器 E-106 用冷却水进行冷却，最后进入中压吸收塔 C-101 回收 NH_3 和 CO_2。

中压吸收塔 C-101 上段为泡罩塔精馏段，用氨水吸收 CO_2 和精馏氨，使精馏段顶部出来的带有惰性气体的富氨气中含 CO_2 仅为 20～100mg/kg。然后进入氨冷凝器 E-109，气氨冷凝成液氨，冷凝的液氨流入氨槽 V-105 后，部分作为回流氨去中压吸收塔顶，另一部分则去高压氨泵工段与原料液氨汇合。未冷凝的含氨的惰性气进氨回收塔 C-105，再进入中压氨吸收器 E-111 和中压惰洗塔 C-103。在中压氨吸收器和中压惰洗塔中，用蒸汽冷凝液洗涤含氨的惰性气体，回收氨后惰性气体经排气筒 V-113 放空，从中压氨吸收器 E-111 底部排出的氨水溶液则由氨溶液泵 P-107A/B 送至中压吸收塔 C-101 作为吸收剂吸收中压分解气中的 NH_3 和 CO_2，少部分作中压氨吸收器的内循环液。

中压吸收塔 C101 底部出来的溶液通过高压碳铵溶液泵 P-102A/B/C 加压后返回到合成圈。

2. 低压分解和循环 U9401

中压分解塔用罐 L-102 底部的尿液减压到 0.3MPa（表）进入低压分解塔分离器 V-103，尿液在此闪蒸并分离，分离后的尿液进入低压分解塔 E-103，在此将残留的甲铵进行分解，分解所需的热量由 0.3MPa（表）低压蒸汽供给。离开低压分解塔分离器顶部的气体与来自解吸塔 C-102 和水解器 R-102 的气相一并进入高压氨预热器 E-107，利用混合气体的显热和部分冷凝热预热原料液氨，然后进入低压冷凝器 E-108 用冷却水进一步冷却，使冷凝后的溶液流入碳铵溶液槽 V-106，未冷凝气体经低压氨吸收塔 E-112 和低压惰洗塔 C-104 用蒸汽冷凝液洗涤其中含氨的惰性气体，回收氨后惰性气体经排气筒 V-113 放空。

低压冷凝液及低压氨吸收塔 C-104 出液储存在碳铵溶液槽 V106 内，然后经中压碳铵溶液泵 P-103A/B 加压后先在真空预浓缩器 E-113 中作为中压分解气的吸收液，然后进中压冷凝器 E-106。部分中压碳铵溶液送解吸塔 C-102 顶作为顶部回流液。

低压分解及循环 DCS 图及现场图见图 1-53、图 1-54。

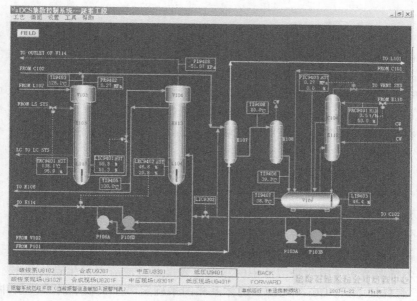

图 1-53 低压分解及循环 DCS 图（U9401）

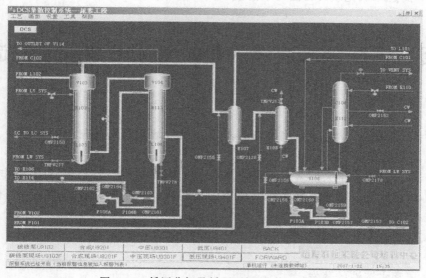

图 1-54 低压分解及循环现场图（U9401F）

U9401 低压分解与循环工段	V-103（低压分解塔分离器） E-103（低压分解塔） L-103（低压分解塔底部用罐） E-107（高压氨预热器）	E-108（低压冷凝器） C-104（低压惰洗塔） E-112（低压氨吸收塔） V-106（碳铵溶液槽）

想一想练一练

1. 简述减压加热法分离与回收未转化物的基本原理。

2. 某厂尿素合成塔出口溶液中 $n(NH_3)/n(U)=1.7$，$n(CO_2)/n(U)=0.428$，经预分离和低压分解后，出低压分解塔的尿素溶液中 $n(NH_3)/n(U)=0.011$，$n(CO_2)/n(U)=0.007$，试计算甲铵分解率和总氨蒸出率。

3. 在水溶液全循环法生产中，有哪些主要因素影响循环分离与回收？如何选择循环分离与回收的工艺条件？

4. 为什么未转化物的分离要采用中、低压分解？

5. 分解温度为何影响甲铵分解率和总氨蒸出率？

6. 分解压力为何影响甲铵分解率和总氨蒸出率？

7. 分解气中的水含量与那些因素有关？

8. 为何尿素生产过程中的加热器都使用饱和蒸汽，而不用过热蒸汽？

9. 怎样调节中压吸收塔溶液中的水碳比来提高合成塔二氧化碳转化率？

10. 怎样用 NH_3-CO_2-H_2O 三元体系相图来确定中压吸收塔的工艺条件？

11. 如何选择低压分解操作工艺条件？

12. 简述二氧化碳气提法与水溶液全循环法未转化物分离与回收工艺及工艺条件的异同点。

项目五　尿素水溶液的蒸发与尿素熔融液的造粒

 学习目标

1. 知识目标：学会尿素水溶液的蒸发、尿素熔融液结晶与造粒的原理、工艺条件及工艺流程；

2. 能力目标：学会尿素水溶液的蒸发、尿素熔融液的结晶与造粒的操作要点；

3. 情感目标：学会尿素水溶液加工的工艺流程及主要设备，培养与人合作的岗位工作能力。

项目任务

1. 尿素水溶液的蒸发；

2. 尿素熔融液的结晶与造粒；

3. 尿素水溶液加工的工艺流程及主要设备。

项目描述

该项目阐述了尿素溶液的蒸发、结晶与造粒的原理、工艺条件及工艺流程；重点描述了尿素溶液的蒸发、结晶与造粒的操作要点。

项目分析

尿素溶液的蒸发、结晶与造粒的原理、工艺条件及工艺流程、操作要点是学习重点。

知识平台

1. 常规教室；
2. 仿真教室；
3. 实训工厂。

项目实施

尿素合成反应液经两段减压加热分解或者 CO_2 气提分解，精馏分离，闪蒸，将未转化物分离后，得到温度为 $95℃$、浓度为 $70\%\sim75\%$（质量分数）的尿素水溶液，储存于尿液储槽，其中 NH_3 和 CO_2 含量总和小于 1%。要得到固体颗粒的尿素产品，必须将剩余水分进一步除去。根据结晶尿素和粒状尿素产品的要求，尿素蒸发浓度也有所不同，一般结晶法尿素生产只需将尿液蒸发浓缩至 80% 左右即可，而造粒塔造粒法尿素生产中必须将尿液蒸发浓缩至 99.7% 方可用于造粒。

任务一　识读尿素水溶液的蒸发

尿素溶液经过加热使溶液中的水汽化分离，得到较高浓度的溶液，这个过程就是尿液的蒸发。尿素水溶液在加热过程中有以下特性。

① 尿素的热稳定性差，当溶液加热到一定温度以上就可能发生尿素的水解反应和缩合反应。

② 尿素溶液在加热蒸发过程中，溶液的沸点将随溶液浓度的增加而升高，在同一温度下，尿液蒸发过程的操作压力越低，相应饱和尿液浓度就越高，如果达到相同浓度，蒸发压力高，相应所需温度也高，即蒸发过程的操作压力越低，溶液的沸点越低。

根据以上两个特性可以得出结论：蒸发尿素溶液在减压真空下进行是有利的，可使蒸发过程在低温下进行，一方面避免因蒸发加热产生的高温导致副反应发生，另一方面可以达到蒸发的目的。关于蒸发条件的选择，可以用 $CO(NH_2)_2\text{-}H_2O$ 二元体系相图来分析讨论。

一、$CO(NH_2)_2\text{-}H_2O$ 二元体系相图

1. 尿素溶液的冷却结晶过程

图 1-55 为 $CO(NH_2)_2\text{-}H_2O$ 二元体系相图。图中体系状态点 a 相当于温度为 $95℃$、浓度为 75% 的尿素溶液的组成点。由图可以看出，当温度降低时，体系状态点 a 将沿着直线 aa' 向 a' 点移动，当状态点达到 a_1 点时尿素溶液由不饱和变成饱和，若进一步冷却降温则尿素将析出结晶。当体系状态点到达 a_2 点时进入尿素的

结晶区，相应的固液比为：

$$\frac{尿素结晶析出量}{尿素溶液量} = \frac{a_2 a'_2}{a_2 t_{a_2}} \tag{1-39}$$

由以上公式可知，随着体系温度的不断降低，体系中固液比就越来越大，尿素结晶析出量也会越来越大。但温度的降低不得超过最低共熔点所对应的温度，否则体系状态点进入尿素和冰的共结晶区，尿素结晶中将有冰同时析出，影响尿素结晶的质量，这是工业生产中应尽量避免的。因此采用冷却结晶的办法生产尿素要受到一定的限制。

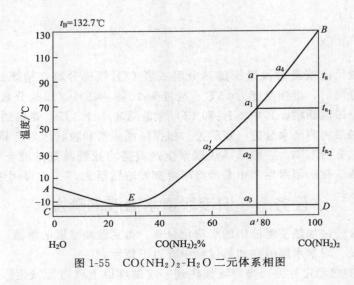

图 1-55　$CO(NH_2)_2$-H_2O 二元体系相图

2. 尿素水溶液的蒸发过程

尿素水溶液的蒸发过程通常是在恒温条件下进行的。从图 1-55 中可以看出，若对体系状态点 a 的溶液进行恒温蒸发，体系点 a 将沿着直线 $a t_a$ 向 t_a 点移动。随着蒸发过程的进行，水分不断蒸发排出，溶液中尿素浓度逐渐提高。当体系点到达 a_4 时，溶液达到饱和状态。再继续蒸发，体系点进入尿素的结晶区并逐渐析出尿素结晶。最后，当体系状态点达到 t_a 时水分蒸干，全部变成了结晶体尿素。

实际生产的蒸发过程中，不允许有尿素结晶析出，否则会影响蒸发过程的正常进行。因此，蒸发温度要高于尿素溶液的结晶温度，同时，蒸发温度较高时，可以缩短蒸发时间。但提高温度却会加剧尿素溶液副反应的发生，其结果是不仅降低尿素的产量，还会影响产品的质量。因此，为了防止尿素副反应的发生，在最短的时间内完成蒸发过程就必须选取适宜的蒸发温度和压力。

二、尿素水溶液加工过程的副反应及防止措施

尿素生产中的副反应主要是指尿素的水解和缩合反应，它们在尿素生产各工序中都有可能发生，在尿液蒸发加工过程中尤为突出。依据化学平衡理论可知，当蒸

发尿液时，采用较高的蒸发温度和较低的压力，随着蒸发的进行尿素浓度不断提高，必将有利于尿素的水解与缩合反应的发生。

1. 尿素的水解反应

根据尿素的性质可知，在高温下尿素易发生水解反应：

$$CO(NH_2)_2 + H_2O \Longrightarrow 2NH_3\uparrow + CO_2\uparrow - Q$$

尿素的水解与温度、停留时间和尿素溶液浓度等因素有关。在温度低于80℃时，尿素水解很慢，超过80℃，速率加快，145℃以上，有剧增的趋势，在沸腾的尿液中，水解更为剧烈。在一定温度和浓度下，延长停留时间，尿素水解率增加。尿素水解的结果是降低尿素的产率，加重回收负荷，增加动力消耗。从以上分析可知，要防止尿素水解，蒸发过程应在尽可能低的温度和尽可能短的时间内完成。

尿素水解率与温度的关系如图1-56所示。尿素的水解率与停留时间的关系如图1-57所示。尿素水解率随温度升高而加剧，随停留时间的延长而增大。

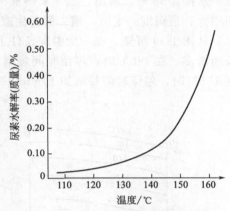

图 1-56 尿素水解率与温度的关系

尿液的浓度对尿素的水解也有影响，浓度越低，水解反应越快，纯尿素无水，因而不发生水解。尿素的水解还与溶液中氨的含量有关，由水解反应可知，提高氨含量能抑制水解反应的进行，故含氨较高的尿液水解率较低。

要防止尿素的水解，蒸发过程应维持较低的温度，而尽可能缩短蒸发时间。

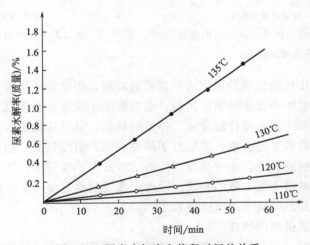

图 1-57 尿素水解率和停留时间的关系

2. 尿素的缩合反应

根据尿素的性质可知，在高温条件下尿素易发生缩合反应。在尿素生产过程中，主要生成缩二脲，反应式为 $2NH_2CONH_2 \rightleftharpoons NH_2CONHCONH_2 + NH_3 \uparrow - Q$

缩二脲为针状结晶，熔点为 $193℃$。缩二脲的生成率与反应过程中的温度、尿液浓度、氨分压以及停留时间等因素有关。

从图 1-58 可以看出，当尿素溶液浓度一定时，缩二脲的生成率随温度的升高而增大；当温度一定时，缩二脲的生成率随浓度的增加而增大。

从图 1-59 可知，在一定温度条件下，尿液中缩二脲生成量随着停留时间的延长而增多。在 $140℃$ 时，停留时间每增加 $10min$，缩二脲的生成率约增长 0.05%，在 $155℃$ 时，停留时间每增加 $10min$，缩二脲的生成率约增长 0.15%。

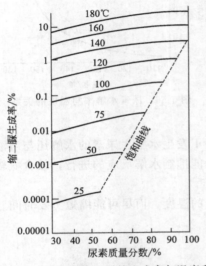

图 1-58　尿液中缩二脲的生成率与温度和尿液浓度的关系

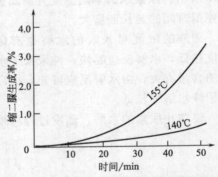

图 1-59　缩二脲生成率与停留时间的关系

从尿素脱氨生成缩二脲的反应式可以明显看出，当氨分压增加，即溶液中氨浓度增大时，尿素的缩合反应会逆向进行，缩二脲的生成率就会降低，符合质量作用定律。从以上分析可知，操作温度高、停留时间长、氨分压低是生成缩二脲的主要有利条件。在尿液蒸发过程中，溶液处于沸腾状态，温度较高，随着蒸发过程的进行尿液浓度逐渐提高，并且由于蒸发产生的二次蒸汽不断排出，蒸发室内氨的分压越来越低，所以最适于缩二脲的生成。因此，蒸发过程应尽可能在较低的温度和尽可能短的时间内完成以减少副反应的发生。

三、蒸发工艺条件的选择

尿素溶液蒸发工艺条件的选择，除了要满足沸腾蒸发的一般要求外，更要尽可能减少副反应的发生，以保证尿素产品的产量和质量。

关于工艺条件的选择，可用图 1-60CO(NH₂)₂-H₂O 二元体系相图进行分析讨论。图中横坐标表示尿素的浓度，纵坐标表示温度，AB 线为水的冰点曲线，由于加入了尿素以后，冰点下降，当尿素含量达到 32% 时，冰点下降到 −12℃；BC 线为尿素的结晶曲线或称为尿素的饱和曲线，图中还有温度线、蒸气压线和密度线。从图中可以看出，尿素溶液的沸点与尿素浓度及蒸发操作压力有关。例如当尿液中尿素浓度为 85% 时，蒸发操作压力为 0.1MPa，相对应的沸点温度为 130℃；当蒸发压力降低到 0.05MPa 时，相应沸点降为 112℃。由此可见，采用减压蒸发不仅降低了尿素溶液的沸点，还可以减少或防止蒸发过程中副反应的发生。但压力的选择必须以蒸发过程中不产生尿素结晶为宜，否则产生的结晶将堵塞蒸发设备的加热管道，将使蒸发过程无法进行。

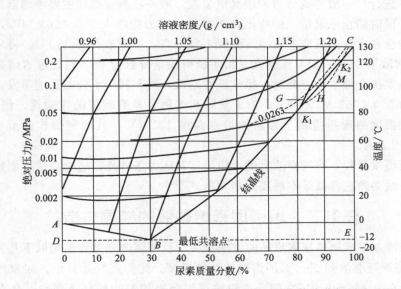

图 1-60　CO(NH₂)₂-H₂O 二元体系的组成-温度-密度-溶液蒸气压关系图

从图 1-47 二元体系相图还可以看出，当蒸发操作压力大于 0.0263MPa 时，沸点压力线位于尿素结晶线以上区域内，不与结晶线相交，说明在这样的压力下蒸发尿素溶液时，不会产生尿素结晶。但在此压力下，经过一段蒸发将浓度为 75% 的尿液浓缩至 99.7%，虽无尿素结晶出现，但必会将蒸发温度提得很高。因尿素在高温条件经历的时间较长，其结果必然加剧水解和缩合反应的发生。因此，必须将蒸发操作压力控制在 0.0263MPa 以下。当蒸发操作压力小于 0.0263MPa 时，沸点压力线与结晶线相交并得到两个交点 K_1 和 K_2，常把这两个点称为第一沸点和第二沸点，在这样的压力下操作，就可能产生尿素结晶。不同压力下第一沸点和第二沸点的温度与尿液浓度的关系如表 1-9 所示。

表 1-9 不同压力下第一沸点和第二沸点的温度与尿液浓度的关系

压力/Pa	第一沸点		第二沸点	
	温度/℃	相当的尿液浓度/%	温度/℃	相当的尿液浓度/%
2666.4	26.5	55.6	131.5	99.5
5332.8	41	63.0	130	99.1
6666	46	65.3	129.9	98.8
10665.6	59	70.9	127.6	98.1
13332	66	74.0	125.7	97.6
19998	80.5	80.2	119.9	95.5
22664.4	86	82.6	116.3	94.0
26664	105	90.3	105	90.3

　　根据以上分析可知，在实际生产过程中，整个尿液的蒸发过程不能在一个高真空压力下进行，一般将其分为两段真空蒸发。第一段蒸发操作主要考虑蒸发出大部分水分，同时防止尿素结晶的析出，选择操作压力应略大于 0.0263 MPa，为了减少尿素缩合和水解副反应的发生，温度不宜过高，一般选择为 130℃，将尿液浓度从 75%增浓至 95%。第二段蒸发是为了制得质量分数为 99.7%的尿素熔融物，要求几乎蒸发掉全部水分。此时，操作压力越低，越有利于水分的快速蒸发，故选择操作压力在 0.0053 MPa 以下。为了使尿素熔融而具有较好的流动性，便于输送，二段蒸发温度的选择应高于尿素的熔点温度 132.7℃，故控制操作温度在 137～140℃范围之内。

　　尿液蒸发过程，除选择适宜的操作温度和压力条件外，还应在尽可能短的时间内完成，故必须选择高效率的膜式蒸发器。

任务二　识读尿素熔融液的结晶与造粒

　　将尿液加工成固体尿素成品的方法很多，目前国内外大致采用以下几种方法：

　　① 将尿液蒸浓到 99.7%的熔融体造粒成型。此为蒸发造粒法，尿素产品中缩二脲含量在 0.8%～0.9%之间。造粒法可以制得均匀的球状小颗粒，具有机械强度高，耐磨性能好，利于深施保持肥效等优点，但其缺点是缩二脲含量较高。

　　② 将尿液蒸浓到 80%后送往结晶器结晶，将所得结晶体尿素快速熔融后造粒成型，此法称为结晶造粒法。该法主要用于生产低缩二脲含量（<0.3%）的粒状尿素。如全循环改良 C 法就是采用结晶造粒法的生产工艺。

　　③ 将尿液蒸浓到约 80%后在结晶机中于 40℃下析出结晶，这就是一般采用的母液结晶法。母液结晶法是在母液中产生结晶的自由结晶过程；造粒法则是在没有母液存在的条件下的强制结晶过程。结晶尿素的优点是产品纯度高，缩二脲含量低，一般多用于其他工业原料以及配制复合肥料或混合肥料等。结晶尿素呈粉末状或细晶状，不适宜直接作为氮肥施用。

　　尿素的造粒是在造粒塔内进行的，熔融尿液经塔顶喷头喷洒成液滴，由上向下落，并与造粒塔底进入的冷空气逆流接触，冷却固化成粒，整个造粒过程分为 4 个阶段：

①将熔融尿素喷成液滴；

②液滴冷却到固化温度；

③固体颗粒的形成；

④固体颗粒再冷却至要求的温度。

造粒塔造粒是将温度约 140℃ 的尿素质量分数达 99.7％ 的高浓溶液（称尿素融体）送往几十米高的塔顶，通过喷头的小孔喷洒出来，形成液滴自高空滴落，在下降的过程中与自下而上的冷空气逆流直接接触，后者作为冷却介质，融体得到凝固并冷却且将少量水分蒸发，待落到塔底即成为温度 60～70℃、粒度均匀的颗粒尿素产品。通常颗粒的粒度为 1～2mm。

颗粒状尿素质量的高低与造粒塔的高度、熔融尿素的温度和浓度等因素有关，造粒塔高度的确定主要考虑颗粒形成和冷却两个过程的要求。

为获得高质量的粒状尿素，进入造粒塔的熔融尿素浓度应大于 99％，否则产品水含量增加，机械强度降低，产品颗粒易破碎，并且造粒过程中颗粒易附着在塔壁上，甚至无法形成颗粒。

尿素在 130℃ 以上熔融，如果过早快速地降低熔融尿素的温度，会造成早期固化，如果温度较高，可能增加缩二脲的含量。如果降温速度太慢，尿液液滴可能不固化或黏结或造成塔下尿素颗粒温度过高，生产中一般控制塔底出来的颗粒尿素温度约 70℃，水分含量小于 0.5％。

任务三　解读尿素水溶液加工的工艺流程及主要设备

一、尿素水溶液加工的工艺流程

如图 1-61 所示，从低压分解来的尿液，经自动减压阀减至常压，进入闪蒸槽 1，闪蒸槽内压力为 0.06MPa，它的出口气管与一段蒸发分离器 6 出口管连接在一起，其真空由蒸汽喷射泵 17 产生。由于突然减压，尿液中部分水分和氨、二氧化碳迅速汽化并吸热，使尿液温度降至 105～110℃。出闪蒸槽的尿液浓度为 74％ 左右，引入尿液缓冲槽 2，槽内设有蒸汽加热保温管线对尿液进行保温。尿液由尿液泵 3 打入尿液过滤器 4 除去机械杂质后，送入一段蒸发加热器 5，在一段蒸发加热器内，用蒸汽间接加热，使尿液温度升高至 130℃ 左右。由于减压加热，部分水分汽化后进入一段蒸发分离器 6，一段蒸发分离器内压力为 0.0263～0.0333MPa，该真空由蒸汽喷射泵 17 产生。经气液分离以后，尿液浓度升为 95％～96％，进二段蒸发加热器 7，用蒸汽间接加热至 140℃ 左右，其压力维持在 0.0033MPa。由于减压加热，残余水分汽化后进入二段蒸发分离器 8 进行气液分离。二段蒸发加热器的真空度由蒸汽喷射泵 18、20、22 产生。二段蒸发分离器出来的尿液浓度为 99.7％，经熔融尿素泵 9 打入造粒塔。造粒喷头 10 将熔融尿素喷洒成液滴，液滴靠重力下降与塔底进入的空气逆流相遇温度降至 60℃ 左右而固化成粒落到塔底。

尿素颗粒由刮料机 12 刮入皮带运输机 13，送出塔外进行包装。

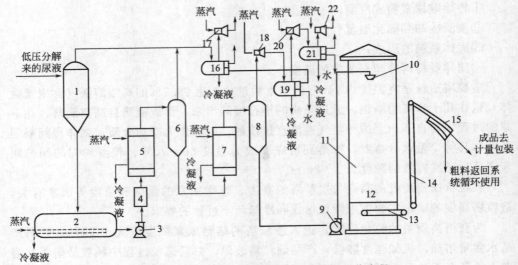

图 1-61　水溶液全循环法粒状尿素加工工艺流程

1—闪蒸槽；2—尿液缓冲槽；3—尿液泵；4—尿液过滤器；5——段蒸发加热器；6——段蒸发分离器；7—
二段蒸发加热器；8—二段蒸发分离器；9—熔融尿素泵；10—造粒喷头；11—造粒塔；12—刮料机；13—皮
带运输机；14—斗式提升机；15—电振筛；16——段蒸发冷凝器；17——段蒸发冷凝器喷射泵；18—二段蒸
发升压泵；19—二段蒸发冷凝器；20—二段蒸发冷凝器喷射泵；21—中间冷凝器；22—中间冷凝器喷射泵

经闪蒸槽和一段蒸发分离器出来的气体，送一段蒸发冷凝器 16，用二段蒸发冷凝器来的冷却水冷却，未冷凝气经喷射泵 17 排空，冷凝液送收集槽。二段蒸发分离器出来的气体经升压泵 18，送二段蒸发冷凝器 19 并部分冷凝，未冷凝气去二段蒸发冷凝器喷射泵 20，再打入中间冷凝器 21 用水冷却，未冷凝气经中间冷凝器喷射泵 22 放空。二段蒸发冷凝器和中间冷凝器的冷凝液，送循环分解系统。

二、尿素水溶液加工的主要设备

颗粒状尿素加工的主要设备有蒸发器和造粒塔。

1. 蒸发器

为了使尿液蒸发过程在尽可能短的时间内完成，目前广泛使用的是高效升膜式长管蒸发器，其结构如图 1-62 所示。图中上部为分离室，下部为加热器。

在长管式加热器顶上覆盖一个气液涡流分离器，在分离室的中间设有清洗用的喷淋圈，在气体出口处设有除沫层，蒸发蒸汽（二次蒸汽）去冷凝器冷凝成液体以回收氨、二氧化碳，而尿液只通过加热器一次。加热器由 1000 多根合金钢管组成，内设有挡板，以提高传热效率。

二段蒸发器的结构形式与一段蒸发器结构相同，加热器采用 400 多根的合金钢管。这种蒸发器的特点是加热管细长，操作液面维持得很低（有的仅为管高的 1/4～1/5）。被蒸发的尿液从蒸发器底部进入加热器管内，管外用蒸汽间接加热。在真空的抽提下，在管内壁形成薄膜，尿液中水分汽化，管内产生的蒸汽与所夹带的尿液混合物快速升至顶部进入气液分离器，浓缩后的尿液由分离器下部引出，蒸发的气体继续用蒸汽加热，不使其冷凝，然后经由气体通道进入分离器上部，用工艺冷凝液进行冷却，不凝气体由上部出口管引出，出口管接在蒸汽喷射泵上以形成蒸发器内真空。在蒸发过程中，由于水分迅速汽化体积膨胀，在管子中央形成气柱，管壁上形成液膜，且被高速蒸汽向上抽吸，液滴即被带出，从管顶送出的是运行极快的、其中悬浮有小液滴的蒸汽，由于流速极快，物料在此停留时间很短，一般只有几分钟，因此尿素的水解量和缩二脲的生成量很少。

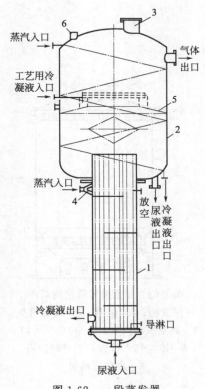

图 1-62　一段蒸发器

1—蒸发加热器；2—蒸发分离器；3—人孔；
4—挡板；5—挡液罩；6—压力显示器

2. 造粒塔

造粒塔一般为直立中空的圆柱状钢筋混凝土构筑物，国内的造粒塔有效高度一般为 50m 左右，视当地气温、通风方法（自然通风或强制通风）和出料温度要求而异。

造粒塔主要靠塔下百叶窗的开度来调节温度，保证出料温度在 70℃左右。较适宜的塔内对流空气量为 8000～10000m³/1000kg 尿素。

塔径为 6～20m 不等，较适宜的生产负荷为 190～250kg/（m²塔截面·h）。塔内壁涂有防腐层，塔顶设有造粒喷头，造粒喷头是一个用不锈钢制得的中空圆锥体，上面钻有直径为 1.4～1.5mm 的数千个小孔，喷头由电机带动旋转，一般转速为 300～400r/min，喷头旋转时使尿液喷出，形成大小基本相等的许多液滴，靠重力下降，并与塔下进入的冷空气逆流相遇，逐渐冷却固化成粒，塔底固化后的颗粒尿素，经刮料机刮入收集漏斗，送入皮带运输机带出塔外筛分包装。

造粒塔可采用强制通风和自然通风，塔出口含尘气体可设置回收装置，对于结晶造粒联合法，塔顶还要设置尿素熔融器。图 1-63 为自然通风尿素造粒塔结构简图，图 1-64 为强制通风尿素造粒塔结构简图。

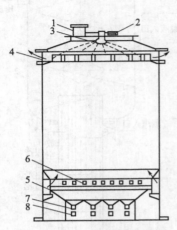

图 1-63 尿素造粒塔结构简图

1—尿液槽；2—电机；3—造粒喷头；

4—热空气出口窗；5—冷空气入口；

6—冷空气入口窗；7—卸料斗；

8—皮带运输机

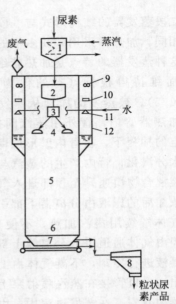

图 1-64 具有沸腾床冷却器的尿素造粒塔简图

1—熔融器；2—粗滤器；3—高位槽；4—喷头；

5—造粒塔；6—沸腾床冷却器；7—皮带机；

8—回转筛；9—轴流风机；10—过滤器；

11—喷嘴；12—集尘器

3. 其他造粒工艺和设备

目前用造粒塔生产的普通尿素颗粒较小，抗破碎强度较低，在运输及储存中耗损较大。尿素所含的酰胺态氮不能被植物直接吸收，必须经过土壤中的酶将其转化成铵态氮才能被植物吸收。另外，尿素施于土壤后，在溶解和转化过程中由于淋溶、挥发和反硝化等损失，使氮的利用率较低，国外约 50%，国内仅达 30%～40%。为了克服其不足之处，国内外都在积极地研究开发尿素新产品，近期的发展趋势是大颗粒尿素、涂层（包膜）尿素和添加剂尿素等。

（1）流化床新工艺 荷兰氮素公司（NSN）研制开发了流化床大颗粒尿素生产工艺，该工艺的核心设备就是造粒器，其结构示意见图 1-65。

质量分数为 96% 的熔融料液通过雾化喷嘴得以雾化，均匀喷洒在流化床层中。流化床层高度为 0.5～2m，下有多孔分布板支撑。空气分为两路，一路是雾化空气，进入雾化喷嘴使尿液雾化，雾化空气在进入喷嘴前需要预热到高于尿素的结晶温度以防堵塞喷嘴。更大量的空气是流化空气，从多孔板下方送入，使床层保持流化状态。雾化的尿素熔融液包覆在尿素晶种粒子的表面而凝固，将放出的结晶热用于进一步蒸发，最终产品的水分含量可低于 0.2%。流化床由多个室组成，利用流化空气的作用和多孔板的结构，尿素粒子在推力的推动下从一室进入下一室，粒子不断长大，最后到一定尺寸，从末室排出。

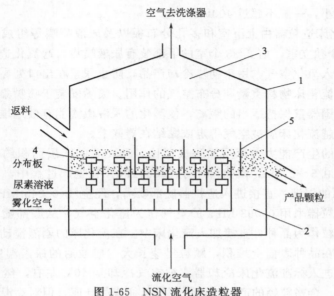

空气去洗涤器

返料

分布板
尿素溶液
雾化空气

产品颗粒

流化空气

图 1-65 NSN 流化床造粒器
1—上部筒体；2—喷雾总管；3—分离空间；4—喷嘴；5—挡板

在造粒机中，存在颗粒长大的三种机理：第一，团块，几个粒子利用溶液作为黏结剂而互相附着在一起，这种作用产生的颗粒不够均匀，机械性能差。第二，层化，颗粒的成长是在粒子表面进行一层一层的涂覆，得到类似于"洋葱"的结构，这种方法是每经过一段时间间隔就涂上一层溶液，而在两次涂覆之间的时间内使涂层固化。第三，累积，即大量的微小溶液液滴连续地喷洒在颗粒表面并不断蒸发固化。累积机理是连续的长大和干燥的过程，而不是如层化机理那样分层成长的，最终的颗粒实际上是由大量微粒构成的粒子。

流化床造粒是唯一完全由累积机理使颗粒长大的。在造粒机内停留的全部时间内，每一个晶核反复地受到微小尿素液滴的撞击，所以颗粒的长大是均匀的，水分的蒸发和颗粒的长大也是同时进行的。累积机理提供了致密均匀的结构，并促进了水分的蒸发和颗粒的干燥。为使液体喷洒在大量颗粒之上而不发生团块，必须避免颗粒与颗粒的接触，颗粒流态化是避免颗粒长时间接触的唯一方法。

尿素产品的颗粒粒度是可以调整的，只需选用适当筛孔尺寸的筛分机和调整粉碎机操作，颗粒粒度可在 2～8mm 范围内变化。

造粒机产品颗粒大于造粒塔产品颗粒，一般为 2.0～4.0mm，而且产品颗粒的大小可以调节。

造粒机所得产品在许多方面显然优于造粒塔产品。造粒机所得产品的水分和缩二脲含量低于造粒塔产品，产品颗粒较大且可调节，颗粒抗压强度高，为造粒塔产品的 5～6 倍，而且不易吸湿、结块，更适于散装输送。所有造粒机对环境污染均小于造粒塔，一般所用空气量为造粒塔的 1/3，且尾气含尘量又低于后者，环保效果是十分明显的。但造粒塔造粒仍因其造价低而占有一定地位。此外，造粒机设备的单机能力较小，一般不超过 400t/d。

NSN 流化床造粒器由上下室和多孔分布板以及尿液喷嘴等组成。上室被隔板分隔为 4～5 个独立室，前 2～3 个室的下部装有尿液喷嘴，起流化造粒作用。后两个室底部只引入流化空气，用来初步冷却产品，防止尿素在出口处黏结堵塞。多孔分布板起支承流化床物料重量和分布空气的作用。喷嘴安装于喷嘴集管上，喷嘴与流化床面及周围器壁保持适当的距离，使雾化的尿液微滴能有效地堆积在尿素晶粒上，而不致穿越流化床层被空气带走或黏结在器壁上。

该造粒器的生产能力与床层面积成正比，800t/d 的床层面积约 $9m^2$。流化床层高度一般为 0.5～2.0m，阻力降小于 5.884kPa。在生产过程中，从一段蒸发来的含尿素 96% 的尿液，直接进入造粒器底部喷嘴，经空气(0.245 MPa)雾化后喷入造粒器内。造粒器采用 0.098 MPa 的空气作为流化空气，从底部喷入操作。以返料来的尿素细粒作为晶种，直接加入流化床中。在流化床的剧烈搅动下，雾化的尿素液滴不断地在晶种表面上堆积，颗粒迅速长大。成粒后的尿素温度为 95℃，从造粒器排出后进入标准流化床冷却器，被空气冷却至 40℃左右，然后经斗式提升机送到振动筛。合格粒径的产品一般可直接送往成品仓库，但对高温、高湿地区有时还需对产品进行最终冷却。过大的颗粒粉碎后与小颗粒一起作为晶种返回造粒器，返料与产品的比例一般为 0.5：1。出造粒器的气体中夹带有占质量分数 4% 的尿素粉尘，采用标准型的洗涤设备进行回收。经洗涤的空气中尿素粉尘含量小于 $30mg/m^3$，可直接排入大气中。洗涤液来自尿素工艺冷凝液，当洗涤液中尿素浓度达到 40%～50% 时，返回尿素装置进行浓缩。从流化床冷却器排出的空气在排放气洗涤器中除尘后排入大气，洗涤液也一并返回尿素系统。

该工艺的特点如下。

① 产品强度高，比造粒塔尿素颗粒抗破碎强度高 4～5 倍，不易结块。

② 通过选择筛网孔径和调节破碎机，随意调整产品尿素的粒径，以便适合不同的用途。

③ 产品中缩二脲的含量比喷淋法低，其含量为 0.7%～0.8%。

④ 排放损失和对环境的污染小。$5.2×10^5$ t/a 装置的排气量为 $1.95×10^5$ m^3/h，经洗涤后的空气中尿素粉尘量可低于 30 mg/m^3，仅为造粒塔法的 17%。

⑤ 能源消耗低，每吨产品尿素耗电 37kW·h，耗蒸汽 35kg，耗水 $0.2m^3$。

⑥ 装置运行安全可靠。流化床造粒器本身无转动部件，不会造成磨损，所以可长期运转，其可靠性主要取决于风机、提升机和振动筛等运转设备，造粒器可保证年运转 345 天以上。

⑦ 装置的开停车容易，操作弹性大。该工艺目前已被欧洲和北美等国家采用，相继建立了十几套大型生产装置。我国近期建设投产的海南富岛化学工业公司化肥厂是以天然气为原料，年产 30 万吨合成氨、52 万吨尿素，生产大颗粒尿素就是采用这种工艺。标准设计中蒸发器出口尿液质量分数为 96.7%，造粒器进口尿液质量分数为 96%，造粒添加剂（防结块）为 37% 的甲醛水溶液，产品尿素含水量在

0.25%，含缩二脲 0.70%，含甲醛抗结块添加剂 0.45%，平均粒径 7.0mm，抗碎强度 98.0N(6.3mm)。

（2）谐振器工艺　日本三井东压和东洋工程公司（MTC-TEC）的大颗粒尿素工艺。该工艺以传统的尿液为原料，将熔融的尿液通过谐振粒化器（如图 1-66）造粒，可生产粒径为 2～12mm 的大颗粒尿素，用于散装肥料粒径为 2～4mm、森林肥料粒径为 3～5mm 和追加肥料粒径为 8～12mm。

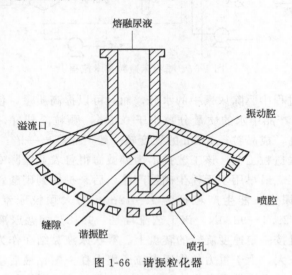

图 1-66　谐振粒化器

谐振器工艺的特点是：

①颗粒大小分布均匀，无微小颗粒；

②尿素产品质量高；

③设备简单，操作容易，维修方便。

该工艺于 1984 年被首次用于日本三井东压（MTC）的尿素装置，使用情况良好。目前已有近十家工厂采用了这一新技术，其装置生产能力在 750～1750 t/d 之间。

（3）喷流床工艺　日本三井东压和东洋工程公司（MTC-TEC）的另一种大颗粒尿素新工艺，其工艺流程如图 1-67 所示。

喷流床工艺的特点：

① 工艺流程简单，设备体积小，安装紧凑，投资省。

② 喷流床功能多，循环率低。

③ 喷嘴少，操作简单灵活，床层允许的操作范围宽广，调节比例高。

④ 污染小，排放气体经湿式洗涤后尿素粉尘的含量可降至 30mg/m³。

⑤ 能耗低，热空气不需要喷射，液体喷嘴结构简单，数量少，熔融尿液喷射能耗少。另外，返料比只有 1.0～1.5，低于盘式造粒和转鼓造粒，电力消耗为 31kW·h/t。

⑥ 颗粒尿素产品规格多，根据不同用途可以改变筛网孔径的大小并控制循环率。

⑦ 尿素质量好，颗粒大，特别是采用多重造粒器，粒核在漂浮状态下长大，

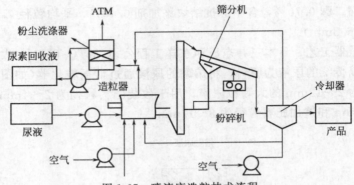

图 1-67　喷流床造粒技术流程

不仅可以在成核过程中驱除尿素中的水分，而且可以提高质量，使缩二脲的质量分数减少 2%，最终产品中水的质量分数小于 0.1%，颗粒冷却好，外形光滑，大小均匀，机械强度高，成品粒径 3mm 的硬度较一般产品高出一倍，粉尘和结块少。

（4）高温盘式造粒工艺　该工艺技术为挪威海得鲁农业国际专利公司拥有，现已工业化二十多年。最早用于无粉尘硝铵产品，后来扩展到硝酸铵钙、硝酸钙、磷肥、氮磷钾肥和尿素。能生产粒径为 7~12mm 的大颗粒尿素产品，最大可达 1g/粒，其强度为 29.4~98.0N。该工艺流程是：99.8% 熔融尿液在加压条件下喷洒在有一定倾角且按一定速度旋转的转盘上。雾状尿液黏结在作为晶种的小粒尿素上，使粒径逐渐长大，由于重力的作用大粒子集中在一侧，最后溢出造粒盘。经过甩光、冷却和筛分，合格粒子送去包装，过大粒子粉碎后同细粒一起返回作为晶种重新造粒，返料比为 1.0~1.5。造粒中产生的含尘气体经水洗后放空。由于颗粒大，强度高，则储存性能更为优异。粒径越大，则每立方米产品颗粒之间的接触点就越小，颗粒强度高就不易生成粉尘，也不易结块。

相关仿真知识 5

1. 尿素水溶液的浓缩

尿液浓缩 DCS 图如图 1-68 所示，尿液浓缩现场图如图 1-69 所示。

离开低压分解塔用罐 L-103 底部的尿素水溶液浓度约 70%（质量分数），首先减压后送真空预浓缩分离器 V-104，在此闪蒸分离，液相进真空预浓缩器 E-113，在此被中压分解气的冷凝反应热加热浓缩到 83%（质量分数）左右，然后较浓的尿素水溶液由真空预浓缩用罐 L-104 底部出来后，用尿素溶液泵 P-106A/B 送到一段真空浓缩器 E-114 内浓缩到 95%（质量分数），加热浓缩尿液采用 0.34MPa（表）低压蒸汽，真空预浓缩器 E-113 和一段真空浓缩器 E-114 均在 0.034MPa（绝）下操作，一段真空系统包括蒸汽喷射器 EJ-151 和冷凝器 E-151 和 E-152 等。一段真空浓缩器浓缩后的尿液经一段真空分离器 V-114 分离后，蒸发气相与真空预浓缩分离器来的气体一并在一段真空系统冷凝器 E-151 内冷凝。

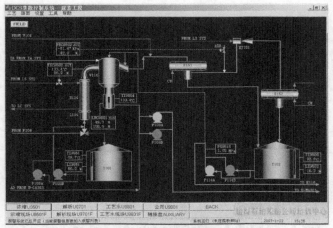

图 1-68　尿液浓缩 DCS 图（U9501）

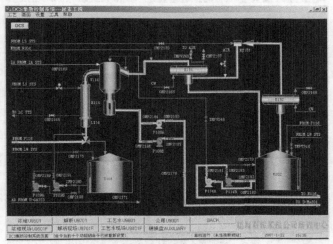

图 1-69　尿液浓缩现场图（U9501F）

U9501 尿液浓缩工段	V-104(真空预浓缩分离器)	T-101(尿素溶液槽)
	E-113(真空预浓缩器)	T-102(工艺冷凝液槽)
	L-104(真空预浓缩用罐)	T-104(碳铵液排放槽)
	V-114(一段真空浓缩器分离器)	EJ-151(蒸汽喷射器)
	E-114[一段真空浓缩器(加热段)(真空浓缩塔)]	P-106A/B(尿素溶液泵)
	L-114(一段真空浓缩器用罐)	P-108A/B(尿素熔融液泵)
	E-151(一段真空系统冷凝器)	P-109A/B(尿素溶液泵)
	E-152(冷凝器)	P-114A/B[解吸塔进料泵(主流)]

2. 工艺冷凝液处理

解吸及水解 DCS 图及现场图见图 1-70、图 1-71，工艺水回收 DCS 图及现场见图 1-72、图 1-73。

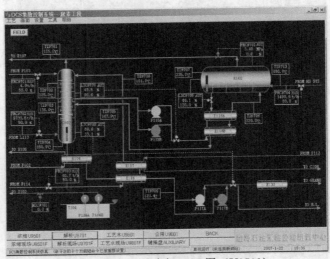

图 1-70 解吸及水解 DCS 图（U9701）

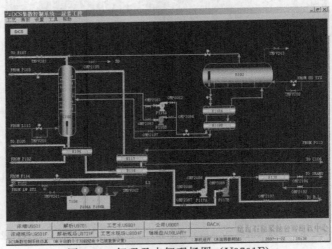

图 1-71 解吸及水解现场图（U9701F）

U9701 解吸与水解	T-102（工艺冷凝液槽）	E-116（解吸塔第一预热器）
	T-104（碳铵液排放槽）	E-117（解吸塔第二预热器）
	P-116A/B（排放槽回收泵）	E-118A/B（水解器预热器）
	P-114A/B（解吸塔进料泵）	E-130[净化水（废水）热回收器]
	C-102（解吸塔）	R-102[水解器]
	E-104[高压碳铵液预热器 （碳铵液与废水换热器）]	P-117A/B[净化水泵]

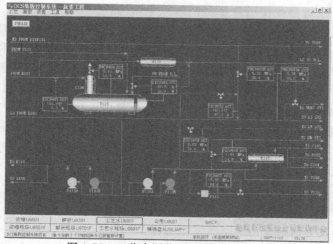

图 1-72　工艺水回收 DCS 图（U9801）

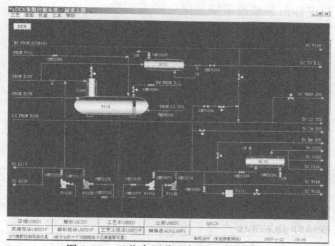

图 1-73　工艺水回收现场图（U9801F）

U9801 工艺水回收工段	E-110[蒸汽冷凝液冷却器(水冷)] E-131(蒸汽冷凝液冷却器) V-110(蒸汽冷凝液槽)	C-106(蒸汽冷凝液解吸气吸收器) P-113A/B(蒸汽冷凝液泵) P-110A/B(蒸汽冷凝液泵)

来自真空系统的工艺冷凝液，收集在工艺冷凝液槽 T-102 内。收集在碳铵液排放槽 T-104 的排放液，用排放槽回收泵 P-116A/B 送至工艺冷凝液槽 T-102 内。

用解吸塔进料泵 P-114A/B 将工艺冷凝液送到解吸塔 C-102 的顶部，工艺冷凝液在进塔之前先在解吸塔第一预热器 E-116 内用解吸塔底部出来的净化水预热，然后再进解吸塔第二预热器 E-117 用蒸汽冷凝液预热。

解吸塔 C-102 分成上、下两段，塔底用 0.49MPa（表）蒸汽加热至 220℃后进入水解器 R-102。在水解器中用 HS　5.2MPa（绝）蒸汽直接加热，使尿素水解成

NH$_3$ 和 CO$_2$。水解器操作压力 3.53MPa（绝），温度 236℃左右。

水解器 R-102 出液（热）经水解器预热器 E-118A/B 与进水解器的溶液换热后进解吸塔 C-102 下段的顶部，在逆流解吸过程中将溶液中的 NH$_3$ 和 CO$_2$ 解吸逸出，从塔底排出的净化水最终含尿素和 NH$_3$ 均小于 3～5mg/kg（质量分数）。该净化水温度约 151℃，先后经高压碳铵液预热器 E-104、解吸塔第一预热器 E-116 回收热量后，最后由工艺冷凝液泵 P-117A/B 送出界区。也可作为锅炉给水利用。

离开水解器 R-102 的气相和从解吸塔 C-102 顶部排出的含 NH$_3$、CO$_2$ 和水蒸气的混合气体一并与低压分解塔分离出来的气体混合后依次进入氨预热器和低压冷凝器进行冷凝回收。

 想一想练一练

1. 尿液蒸发为何要采用真空蒸发？
2. 蒸发过程中如何抑制尿素水解反应的发生？
3. 蒸发过程中如何抑制尿素缩合反应的发生？
4. 尿液蒸发提浓为何采用二段蒸发？
5. 一段、二段蒸发的工艺条件是如何确定的？
6. 说明二氧化碳气提法中膜式蒸发器的构造。
7. 简述目前尿素造粒的方法有哪些。

项目六　尿素生产工艺综述

 学习目标

1. 知识目标：学会典型尿素生产方法的工艺流程综述；
2. 能力目标：学会尿素生产技术发展的进程；
3. 情感目标：学会相关仿真知识 6，培养与人合作的岗位工作能力。

 项目任务

1. 典型尿素生产方法的工艺流程综述；
2. 尿素生产技术发展；
3. 相关仿真知识 6。

项目描述

该了尿素生产技术发展的进程；重点阐述了典型尿素生产方法的工艺流程综述。

项目分析

典型尿素生产方法的工艺流程综述是学习重点。

📖 知识平台

1. 常规教室；
2. 仿真教室；
3. 实训工厂。

📚 项目实施

目前世界上最有竞争力的尿素生产工艺主要有：荷兰斯塔米卡邦公司的二氧化碳气提工艺，日本东洋公司的 ACES 工艺，意大利斯纳姆公司的氨气提工艺，意大利蒙特-爱迪生公司的等压双气提工艺（简称 IDR 法）和美国 UTI 的热循环工艺。以上工艺大都采用了气提技术，大幅度地降低了水、电、汽的消耗，代表了目前大型尿素装置工艺技术的最新水平。

分项目一 典型尿素生产方法的工艺流程综述

任务一 解读水溶液全循环法

水溶液全循环法尿素生产工艺是 20 世纪 60 年代以来的经典生产工艺。水溶液全循环法的成功为尿素生产的发展做出了巨大贡献，不仅大大增加了全球尿素的生产能力，而且使二氧化碳和氨的吨产品消耗大大降低，该工艺曾被世界各国广泛地采用，目前在我国仍是主要的生产工艺。

（1）工艺流程 如图 1-74 所示，原料二氧化碳气体进入二氧化碳压缩机之前，为防止合成、循环系统设备的腐蚀，在一段进口加入约为二氧化碳总量的 0.5%（体积分数）的氧气（或以空气形态加入），然后进二氧化碳压缩机 7，经五段压缩至 20MPa，温度约为 125℃的气体进入高压混合器 8。原料液氨经液氨升压泵 1 升压至 2.5MPa，通过液氨过滤器 2 除去杂质，过滤后的液氨送入液氨缓冲槽 3。液氨缓冲槽的压力维持在 1.7MPa 左右。原料液氨与中压循环系统回收的液氨汇合后，从液氨缓冲槽进入高压氨泵 4 加压到 20MPa，经氨预热器 5 预热至 45～55℃进入高压混合器 8。

从中压吸收塔 18 来的温度为 90～95℃的氨基甲酸铵（以下简称甲铵）液，经高压甲铵泵加压到 20MPa 进入合成塔。控制合成塔操作压力为 20MPa，温度为 188～190℃，进料 NH_3/CO_2（摩尔比）为 3.8～4.1。物料在合成塔内停留时间约 1h，二氧化碳转化率 62%～64%。反应后将尿素合成液减压到 1.7MPa 进入中压分解系统预分离器 12。在预分离器内气液两相分离，出预分离器的溶液进入中压分解加热器 13，在此合成液被加热到 156～160℃，气液混合物进中压分解分离器 14，使气液分离，液相去低压分解系统。由中压分解分离器出来的气体送一段蒸发

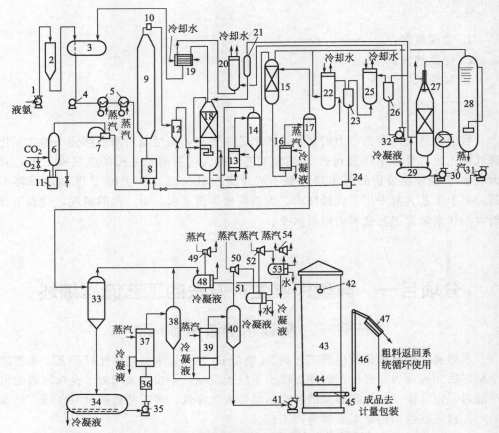

图 1-74　水溶液全循环法尿素生产工艺流程图

1—液氨升压泵；2—液氨过滤器；3—液氨缓冲槽；4—高压氨泵；5—液氨预热器；6—气液分离器；7—二氧化碳压缩机；8—高压混合器；9—合成塔；10—自动减压阀；11—水封；12—预分离器；13—中压分解加热器；14—中压分解分离器；15—精馏塔；16—低压分解加热器；17—低压分解分离器；18—中压吸收塔；19—氨冷凝器；20—惰性气体洗涤器；21—气液分离器；22—第一甲铵冷凝器；23—第一甲铵冷凝器液位槽；24—甲铵泵；25—第二甲铵冷凝器；26—第二甲铵冷凝器液位槽；27—吸收塔；28—解吸塔；29—碳铵液储槽；30—吸收塔给料泵；31—解吸塔给料泵；32—第二甲铵冷凝器液位槽泵；33—闪蒸槽；34—尿液缓冲槽；35—尿液泵；36—尿液过滤器；37—一段蒸发加热器；38—一段蒸发分离器；39—二段蒸发加热器；40—二段蒸发分离器；41—尿素熔融泵；42—造粒喷头；43—造粒塔；44—刮料机；45—皮带运输机；46—斗式提升机；47—电振筛；48—一段蒸发冷凝器；49—一段蒸发冷凝器喷射泵；50—二段蒸发升压泵；51—二段蒸发冷凝器；52—二段蒸发冷凝器喷射泵；53—中间冷凝器；54—中间冷凝器喷射泵

加热器 37 的下部加热器管外，回收部分气体冷凝热（管内尿液从 90℃被加热至105℃），气液混合物再返回中压循环系统与预分离器出口的气体一起进入中压吸收塔 18 底部鼓泡段。鼓泡段内气体用第一甲铵冷凝器 22 来的甲铵液进行吸收，约90％的二氧化碳被吸收生成甲铵。未被吸收的气体则上升至精洗段与顶部喷淋的回流氨接触吸收，气氨进入氨冷凝器 19 进行冷凝。冷凝后的液氨流入液氨缓冲槽 3，不凝性惰性气中所含的氨在惰性气体洗涤器 20 中回收，惰性气体洗涤器吸收液来自第二甲铵冷凝器 25 的氨水。中压吸收塔因吸收氨和二氧化碳生成甲铵而放出大量的热，为保持塔底、塔顶温度必须移走部分热量，这部分热量由加入的回流液氨汽化带走，塔底加入约回流氨总量的 10%，塔顶加入回流氨总量的 90%。为防止精洗段生成固体甲铵结晶堵塞设备及管道，在塔顶需加入一部分水，水由惰性气体洗涤器液位槽 20 来的氨水与回流氨混合后进中压吸收塔顶部喷淋吸收。吸收塔底部温度为 90~95℃，组分近似为 NH_3 41%，CO_2 34%，H_2O 25%，溶液的凝固点约 70℃，溶液用高压甲铵泵 17 送回合成塔。中压分解分离器出来的溶液减压至 0.3MPa，进入精馏塔 15 顶部与低压分解分离器 17 的气体接触，尿液温度上升至 134℃。出精馏塔后的尿液进入低压分解加热器 16，加热至 147~150℃。气液混合物在低压分解分离器中分离，气相进入精馏塔回收热量，降低水分，液相至闪蒸槽 33 进一步降低尿液中残余的氨和二氧化碳。精馏塔 15 和解吸塔 28 出来的气体，进入两个串联的第一甲铵冷凝器 22 和第二甲铵冷凝器 25 中冷凝吸收。这两个冷凝器均用二段蒸发冷凝器 51 的冷凝液作吸收剂。第一甲铵冷凝器的稀甲铵液用低压甲铵泵 24 送入中压吸收塔底部，第二甲铵冷凝器的稀甲铵液用第二甲铵冷凝器液位槽泵 32 送入惰性气体洗涤器作吸收剂。出闪蒸槽的尿液，浓度约 74%，用尿液泵 35 送到一段蒸发加热器加热至温度 130℃，蒸发压力 33.3kPa（绝压）。一段蒸发浓度达 95% 尿液，经一段蒸发分离器 38 流入二段蒸发加热器 39。二段蒸发压力 3.33kPa（绝压），温度 140℃。二段蒸发分离器 40 出口尿液浓度约为 99.7%，经熔融尿素泵 41 送至造粒塔 43 造粒，得尿素成品。生产过程中连续排出含少量氨的尾气，在常压吸收塔 27 加以回收。所得稀氨水及蒸发冷凝液用解吸给料泵 31 送入解吸塔 28，解吸放出的含氨，二氧化碳气体，送至第一甲铵冷凝器回收，解吸废水从系统中排出。

（2）主要问题

①能量利用率低。尿素合成总的反应是放热的，合成塔内加入了大量过剩氨用于调节反应温度，过剩反应热没有得以充分利用。

②一段（高压）甲铵泵腐蚀严重。使用甲铵泵将 90~95℃ 的高浓度甲铵液循环泵入合成塔，在这种条件下物料对甲铵泵的腐蚀较为严重，因此一段甲铵泵维修频繁，是水溶液全循环法的突出缺点。

③流程复杂。由于以甲铵液作为循环液，因此在吸收塔顶部用液氨喷淋以净化微量的 CO_2，为了回收氨又不得不维持一段循环的较高压力，为此按压力的高低设置了 2~3 个不同压力的循环段，使流程过长，操作复杂。

气提法是在水溶液全循环法基础上的技术改进。该法工艺流程短，热能回收利用率高，省去了高压甲铵泵，运转周期延长，减少了生产费用等，较水溶液全循环法优越，故近几年新建的合成尿素装置以气提法为主。

任务二　解读二氧化碳气提法

二氧化碳气提法工艺由荷兰斯塔米卡邦公司于 1964 年开始中间试验，1967 年建成第一套工业装置。20 世纪 70 年代初期该工艺得到迅速发展，目前已在世界范围内承建 200 多套尿素装置，总能力大约为 50Mt/a，占世界尿素总能力的 45%，单套设计能力范围 70~2000t/d。现在已成为世界上建厂最多、生产装备能力最大的尿素生产工艺。

（1）工艺流程　如图 1-75 所示，原料二氧化碳气经压缩净化后进入气提塔 9

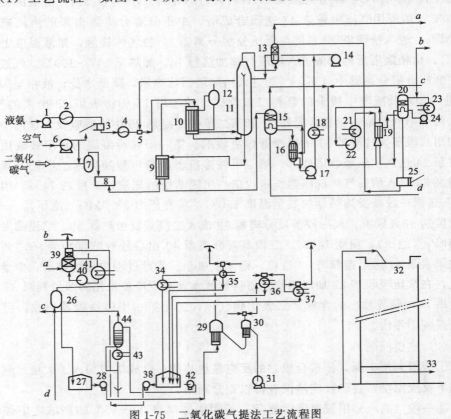

图 1-75　二氧化碳气提法工艺流程图

1—液氨升压泵；2—氨预热器；3—高压氨泵；4—氨加热器；5—高压喷射器；6—工艺空气压缩机；7—气-液分离器；8—二氧化碳压缩机；9—气提塔；10—高压甲铵冷凝器；11—合成塔；12—蒸汽汽包；13—高压洗涤器；14—恒温泵；15—精馏塔-分离塔；16—低压循环加热器；17—循环泵；18—高压洗涤器循环冷却器；19—低压甲铵冷凝器；20—液位槽及低压吸收器；21—循环水冷却器；22—循环冷却水泵；23—循环冷却器；24—循环泵；25—高压甲铵泵；26—闪蒸槽；27—尿液储槽；28—尿液泵；29—一段蒸发器；30—二段蒸发器；31—熔融尿素泵；32—造粒喷头；33—皮带运输机；34—闪蒸冷凝器；35—一段蒸发冷凝器；36—二段蒸发冷凝器；37—二段蒸发中间冷凝器；38—闪蒸冷凝液泵；39—吸收塔；40—循环泵；41—吸收循环冷却器；42—解吸泵；43—解吸换热器；44—解吸塔

与合成塔 11 来的尿素合成液在管内逆流接触，管外用蒸汽加热进行气提，使大部分未生成尿素的甲铵分解和过剩氨解吸。分解后的气体由塔顶引出进入高压甲铵冷凝器 10 冷凝为浓甲铵液并副产蒸汽回收反应热。原料液氨经预热加压进入高压喷射器 5 与来自高压洗涤器 13 的循环甲铵液混合—并进入高压甲铵冷凝器，氨与二氧化碳在高压甲铵冷凝器管内反应生成甲铵，反应产生的热由管外副产蒸汽移走。从高压甲铵冷凝器出来的物料进入尿素合成塔底部，在合成塔内甲铵逐渐脱水生成尿素，尿素合成液从底部通过溢流管进入气提塔顶部流入气提管内，与气提塔底进入的 CO_2 气逆流接触进行气提。上述过程均在等合成压力下进行，流体的输送靠设备的高度差自然流动，经气提后尿素合成液中仍含有少量未分解的甲铵和过剩氨，再减压进入精馏塔 15，尿液在低压循环加热器 16 中被加热，促使残余甲铵分解和过剩氨解吸，从精馏塔出来的尿液经减压至常压后，进入闪蒸槽 26 进一步分解，出闪蒸槽的尿液经由尿液储槽 27 用尿液泵 28 打入一段蒸发器 29 和二段蒸发器 30，在不同真空度下加热蒸发浓缩，将尿液中尿素浓度提高到 99.7% 以上，经熔融尿素泵 31 打入造粒塔顶经造粒喷头喷洒成液滴，在塔内与塔底来的冷空气逆流接触而固化成粒，塔底即得到尿素成品。

目前许多尿素生产厂停止使用造粒塔而改用沸腾床法等造粒技术生产大颗粒尿素产品。从尿素合成塔顶出来的气体进入高压洗涤器，用稀甲铵液作为吸收剂进行吸收，生成的浓甲铵液返回尿素合成系统循环使用。从精馏塔顶部出来的不凝性气体与解吸塔出来的气体，一并进入低压甲铵冷凝器 19 被冷凝回收，再进入吸收器 20 用稀氨水吸收成稀甲铵液，用甲铵泵 25 打入高压洗涤器循环使用，闪蒸槽和一、二段蒸发器出来的气体去冷凝、真空系统与水溶液全循环法相类似。

(2) 主要特点

① 采用了与合成等压的原料二氧化碳为气提气分解未转化的大部分甲铵和分离过剩氨，残余的部分未转化物只需一次低压加热和闪蒸分解即可。与水溶液全循环法相比省去了 1.8MPa 中压分解吸收部分，从而减少了操作条件苛刻、腐蚀严重的一段甲铵泵，减少了设备并缩短了生产流程，简化了操作。由于合成工段气提效率很高，减小了下游工序的复杂程度。斯塔米卡邦 CO_2 气提工艺是目前唯一工业化的只有单一低压回收工序的尿素生产工艺。生产工艺流程简单，操作方便，投资省，运转率高，维修费用低等。

② 高压甲铵冷凝器在与合成等压下冷凝气提气，如果提高冷凝温度，可使返回尿素合成塔的甲铵浓度提高，含水量较少，有利于提高二氧化碳的转化率，有利于冷凝生成甲铵时放出的大量反应热和冷凝热来副产低压蒸汽。除气提塔需用加热蒸汽外，低压分解、尿液的蒸发浓缩以及解吸等工序均可利用副产蒸汽，从总体上降低了蒸汽的消耗和冷却水用量，提高了系统的能量综合利用能力。

③ 二氧化碳气提法中的高压部分，如出高压冷凝器的甲铵液及来自高压洗涤器的甲铵液，均采用液位差为动力使液体物料自流返回合成系统，减少了甲铵泵输

送，不仅节省了设备和动力消耗，而且操作稳定。但为了造成一定的液位差就不得不使设备之间保持一定的高度差。因此，需用巨大的高层框架结构来支撑庞大的设备。由于装置最高点的标高达到约76m，给生产操作和维修带来不便。

④ 由于采用二氧化碳气提分解未转化物，所采用的合成塔操作压力较低（14～15MPa），由于气提效率高且减少了中压回收工段，无单独的液氨需要循环回收，甲铵液的循环量少，进一步降低了循环氨、甲铵所必需的功耗，因而降低了压缩机和泵的动力消耗，同时也降低了压缩机、合成塔的耐压设计要求，便于采用蒸汽透平驱动的离心式 CO_2 压缩机，利于提高系统热能利用，强化设备生产能力。

⑤ 与其他方法相比，二氧化碳气提法工艺转化率较低（58%），但采用了较低的氨碳比（2.8～3.0），所以合成塔出口液中尿素含量高于其他方法（可达34.8%）。在整个生产流程中循环的物料量较少，因而动力消耗较低。由于采用较低的氨碳比，又使得在高压部分物料对设备的腐蚀比其他方法严重，氨量少对抑制副反应的发生不利，所得尿素产品中缩脲含量略高于其他方法。

合成压力采用了最低平衡压力，氨碳比采用了最低共沸点组成时的氨碳比（2.95），操作压力为13.6MPa，温度为180～183℃，冷凝温度为167℃，气提温度约190℃，气提效率为80%以上，这些操作条件都比较温和，因而设备采用316L或25—22—2CrNiMo不锈钢即可达到材质耐强腐蚀性的要求，设备制造成本和维修费用都比较低。

（3）技术进展　CO_2 气提工艺具有流程简单，设备总台数少，软、硬件费用也相对较低的优点，进入20世纪90年代后，斯塔米卡邦对其尿素技术作了较大的改进和推广，主要是增加了原料气脱氢装置，提高了生产装置的安全性能；改进合成塔结构，采用高效塔板提高了转化率，降低了合成塔高度及体积，将原立式降膜式甲铵冷凝器改为池式冷凝器，并将其用作为初级反应器，减小了合成塔的体积，降低了工艺框架的高度。在此基础上，斯塔米卡邦在1996年推出了尿素2000＋™超优工艺，大大地提高了 CO_2 气提工艺的竞争能力。

新型尿素2000＋™工艺包括若干重大改进，从而使新建尿素工厂的投资成本显著降低。其中主要的改进包括：优异的合成塔塔板设计、池式冷凝器以及池式反应器。

2000＋™工艺的主要特点如下。

① 高压合成段的设备数由4台减少至2台，池式冷凝器使合成部分对氨碳比波动的敏感程度大大降低。

② 总体高度由52m降低至26m，由于框架降低，并且检查水平池式反应器较检查立式合成塔更加便捷，因而反应装置的安全性能提高。

③ 因设备集成，昂贵的高压连接管线及喷嘴大大减少，相应地减少了泄漏和堵塞的概率。

④ 在立式合成塔顶部，由于大量气体滞留，在合成塔的液面上存在着逆效应，但这种现象在该水平装置中则完全避免，从而为合成部分简便的全自动控制创造了条件。该逆效应在高框架布置中很严重，在中度框架布置中仍有一定程度的存在。

⑤ 由于反应器水平布置，克服了开车时由分批进料向连续生产转换的困难。开车时可先用水启动后，逐渐稳定过渡到正常原料全面运行。

⑥ 在产生同样量低压蒸汽的情况下，冷却面积减少了50％。

斯塔米卡邦气提尿素工艺自从开发之始，一直就以减少设备数目、降低框架高度为两个主要目标，以便在合成部分既充分利用重力作驱动力，又同时减少投资成本。经过30年的改进，所需设备总数减少了50％，工厂高度降低了50％，工厂的操作难度至少降低了50％。原料的消耗值几乎等于氨和二氧化碳的化学计算值，已无进一步减少的余地。公用工程的消耗也降至相当低的水平，若要进一步降低蒸汽消耗，需要开发新的热交换方法，从而使工艺更复杂，投资更昂贵。该工艺的废物及废气的排放量极低，接近于零，再没有重大改进的余地。

任务三　了解全循环改良 C 法流程

如图 1-76 所示，原料二氧化碳气体由离心式 CO_2 压缩机压缩到 31MPa，再由往复式 CO_2 压缩机加压到 25MPa 送入合成塔 1。在 CO_2 升压机进口加入空气，使原料气中氧含量为 500mg/kg。

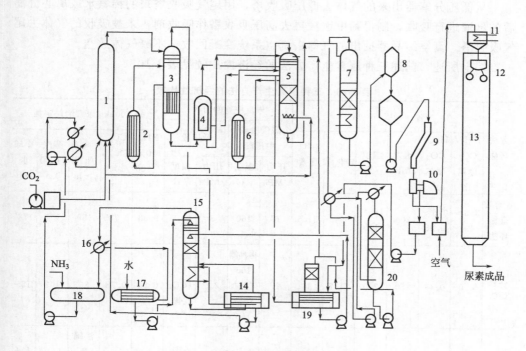

图 1-76　全循环改良 C 法工艺流程图

1—合成塔；2—再沸器；3—高压分解器；4—热交换器；5—低压分解器；6—低压分解再沸器；
7—气体分离器；8—结晶器；9—增稠器；10—离心分离机；11—熔融槽；12—造粒喷头；
13—造粒塔；14—高压吸收塔冷却器；15—高压吸收塔；16—氨冷凝器；17—氨回收吸
收塔；18—液氨槽；19—低压吸收塔；20—尾气吸收器

经压缩后的二氧化碳气和液氨加料泵加压至 25MPa 的原料液氨，经两个串联的液氨预热器预热到 70℃，然后送入合成塔 1。从高压吸收塔冷却器来的甲铵液经离心式甲铵泵加压后送入合成塔，在塔内同时进行甲铵的生成和甲铵脱水的反应，反应生成的尿素溶液从塔顶引出经减压后进入高压分解器 3，在再沸器 2 中用蒸气加热使尿液沸腾，促使尿液中大部分甲铵和过剩氨分解及解吸。从高压分解器出来的尿液再经减压后进入热交换器 4，然后引入低压分解器 5，在加热和部分二氧化碳气提的双重作用下，使残余甲铵和过剩氨分解及解吸。由低压分解器出来的尿液再减压送入气体分离器 7，利用尾气吸收塔出来的惰性气体和空气气提，尿液由尿液泵打入真空结晶器 8，在真空结晶器内进行蒸发、浓缩、冷却结晶，出真空结晶器的料浆，由料浆泵经增稠器 9 进入离心机 10 分离得到结晶尿素，其水含量较高，结晶尿素在气流干燥器内用热空气干燥后送入尿素熔融槽 11，用蒸汽加热使其快速熔融后送入造粒塔 13 经造粒喷头喷洒液滴，在塔内与空气逆流接触冷却固化，落到塔底即得尿素成品。

从高压分解器出来的气体去高压吸收塔 15，用低压吸收塔 19 来的稀甲铵液吸收，生成浓甲铵液返回合成系统循环使用，未吸收的气氨经氨冷凝器 16 冷凝成液氨进入液氨槽 18 循环使用。

从低压分解器出来的气体去低压吸收塔，用尾气吸收塔来的稀氨水或离心分离后的母液进行吸收，制得稀甲铵液再去高压吸收塔作吸收剂，未被吸收的气体去尾气吸收塔。真空结晶器抽出的气体去真空系统冷凝回收，不凝气体放空。

综上所述，前述三种尿素生产方法的经济性比较见表 1-10。

表 1-10　三种尿素生产方法的经济性比较

方法名称	合成塔						未反应物的回收				每 1000kg 尿素消耗定额				
							高压段或中压段		低压段						
	NH₃/CO₂摩尔比	H₂O/CO₂摩尔比	压力/MPa	温度/℃	CO₂转化率/%	出口尿素/%	压力/MPa	温度/℃	压力/MPa	温度/℃	NH₃ 100%/1000kg	CO₂ 100%/1000kg	电/kW·h	蒸汽/1000kg	冷却水/m³
水溶液全循环法	3.8~4.1	0.6~0.65	200	185~190	64	31.5	17	160	3	147~150	0.68	0.785	159	1.7	178'
改良 C 法	4.0	0.48	250	200	71.7	36	17	再沸器 153 降膜加热器 165	2.5	130 (CO₂气提)	0.58	0.78	86	1.2	155
CO₂气提法	3.0~3.2	0.45~0.6	135~140	183	57	34.8	140	165~174	1.6~2.5	135~138	0.58	0.775	法国型 7.5 / 美国型 20	1.40 / 1.53	114 / 88

NH_3/CO_2 摩尔比；H_2O/CO_2 摩尔比

任务四 解读氨气提法

1. 氨气提法发展史

NH_3气提工艺由意大利斯纳姆公司于1966年试验成功并获得专利。1971年第一套工业装置建成投产。20世纪80年代，我国河南中原化肥厂、四川涪陵化肥厂、辽宁锦西化肥厂等引进了大型氨气提法尿素生产装置。该法工序与二氧化碳气提法基本一样，只是提高了合成塔的氨碳比，使进入氨气提塔的合成液中游离氨量增大，以达到自气提作用。另外，出气提塔的尿液先经中压（1.77MPa）分解后，再经低压分解。分解出的过剩气氨经冷凝成液氨后返回系统循环利用。

氨气提法20世纪70年代初实现了工业化，虽然最初不如CO_2气提法应用广泛，但现在却有后来居上的趋势，新增生产能力发展较快。

2. 氨气提法工艺简介

全循环氨气提法与二氧化碳气提法基本类似，不同的是全循环氨气提法采用过剩气氨作为气提剂，实现自身加热气提，气提塔出来的气氨和二氧化碳气与原料二氧化碳及回收来的甲铵液，同时进入高压甲铵冷凝器内反应生成甲铵并副产低压蒸汽，然后进入高压喷射泵，以高压液氨带动，并与甲铵一并进入尿素合成塔。气提后的尿液，经中压分解和低压分解工序，将甲铵和过剩氨几乎全部分离清除之后，进入闪蒸槽及蒸发系统提浓后获得尿素熔融液，再进入造粒工序造粒获得颗粒状的尿素成品。

从尿素合成塔排出的合成液及气体物料进入氨气提塔，在氨气提塔内被壳侧蒸汽间接加热，从底部排出的尿液送至中压分解系统，顶部排出气体与中压循环来的高压甲铵液一起进入高压甲铵冷凝器，壳侧副产水蒸气，冷凝液及未被冷凝的混合物送至分离

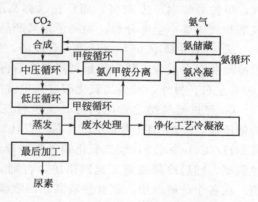

图1-77 NH_3气提工艺流程简图

器分离，冷凝液随液氨经喷射泵送入合成塔内，气体送至中压分解作为中压气提气。图1-77为NH_3气提工艺流程简图。

3. 氨气提法主要特点

① 由于合成塔进料氨碳比较高，CO_2转化率较高，可减少高压回路以后的循环回收负荷。

② 由于合成系统氨碳比较高（$a=3.3\sim3.6$），设备选材恰当（如气提塔采用衬锆材料），大大减轻了反应物料对设备的腐蚀，操作条件要求较为宽松，开车不用专门钝化高压系统设备。另外，即使事故停车，可以封塔数日而无需排放。一般封塔3日再开车后尿素产品仍为白色，这样将减少NH_3及CO_2的损失，并可快速

开车，大大提高了装置的运转率。

③ 中、低压分解加压器均为降膜式，操作过程积液量少，即使停车排放，NH_3 及 CO_2 的损失量也少。

④ 由于采用了甲铵喷射泵，所有高压设备均可布置在地面上，无需高层框架，可节约投资，施工安装、操作、维修均安全方便。

⑤ 由于有中压分解段，增加了操作的灵活性和弹性，还可以通过改变气提效率和高压甲铵冷凝器的副产蒸汽量来调节整个装置的蒸汽平衡，使之在最佳的条件下操作。但由于有中压分解系统，与二氧化碳气提工艺相比流程较长。

⑥ 工艺冷凝液经水解解吸处理后，尿素和氨的含量均可小于 $1mg/kg$，不但彻底消除了污染，减少了氨和尿素的损失，而且处理后的冷凝液还可作为锅炉给水的补充。

⑦ 造粒工序改用转鼓造粒技术，克服了原用喷淋造粒尿素机械强度（硬度）小、粒径小、易结块且从塔顶排放的氨和尿素粉尘污染环境的缺点。

4. 氨气提法技术进展

① 用 230℃ 的气氨进行气提，使气提系统和中压分解系统的物料含氨量较高，有利于设备防腐。采用钛材料，可以使气提塔在 200℃ 温度下操作。用氨气作气提气，甲铵分解率可达 65%，而且在这样高的氨浓度下，随母液返回的缩二脲在合成塔和气提塔中全部分解，提高了尿素产品的质量。

② 二氧化碳有 65% 直接进入合成塔，另外 35% 二氧化碳与气提气一并进入甲铵冷凝器混合反应，移出热量副产蒸汽后再返回合成塔，这样使合成塔物料维持在 190℃ 左右。另外，35% 二氧化碳进入甲铵冷凝器可以回收较多的反应热。

③ 经过氨气提之后的溶液，又进行三段分解，$1.8MPa$ 为中压段，$0.45MPa$ 为低压段，$0.08MPa$ 为真空段。其所以比二氧化碳气提法多中压分解段，是由于其 NH_3/CO_2 为 3.5，较二氧化碳气提法高，必须设有 $1.8MPa$ 的分解系统以回收过剩氨，然后冷凝液氨又返回系统，否则只靠甲铵液返回合成系统，氨就无法平衡。在各个分解段中，氨含量较高，回收碳铵液的 NH_3/CO_2 较高，设备的腐蚀较弱，生成缩二脲的倾向较小。

④ $15.5MPa$ 高压甲铵冷凝液，由喷射泵（以高压液氨为驱动液）送入合成塔，可以使操作稳定，厂房标高较低，机械设备投资较小。

任务五　了解 ACES 工艺

ACES 工艺是日本东洋工程公司（TEC）开发的节能节资型尿素生产新工艺。它是将 CO_2 气提工艺的高气提效率与全循环工艺的高的单程转化率有机结合起来的一种新工艺。合成塔内氨碳比高达 4.0，可基本上忽略腐蚀问题，在 190℃ 和 $17.1MPa$ 的操作条件下，合成转化率达到 68%，大大减少了气提塔用于分解和分离未反应物所需的中压蒸汽量，使其成为当今工业化尿素工艺中能耗最低的工艺。其设备选材也有独到之处，主要高、中压设备都采用 TCE 参与开发的双相不锈钢

（DP-3），很好地解决了设备的腐蚀问题。其缺点是高压圈内设备台数较多，操作、控制比较复杂，高压圈内物料循环靠设备的位差来实现，工艺框架较高，设备的操作、维修不方便。

1. ACES 工艺简介

来自合成塔的合成液进入 CO_2 气提塔，气提气分别进入第一、第二甲铵冷凝器。第一甲铵冷凝器用于气提后尿液的加热，第二甲铵冷凝器副产蒸汽。来自中压循环的高压甲铵液分别进入第一甲铵冷凝器和高压洗涤器中。合成塔顶排出的气体在高压洗涤器内经甲铵液洗涤后去中压系统。高压洗涤器底部排出液体进入第二甲铵冷凝器。ACES 工艺流程简图见图 1-78。

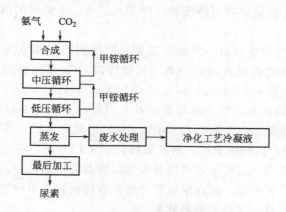

图 1-78　ACES 工艺流程简图

2. ACES 工艺主要特点

① 合成塔的操作条件最优化，气提塔内结构特殊设计以及分解、分离所需的热量不需外部供应，这些促成了 ACES 工艺能耗最低；

② ACES 法氨碳比高，因而转化率也高；

③ ACES 法在腐蚀性强的地方采用双相不锈钢，各种设备很少被腐蚀，工厂可以连续运转；

④ 采用申请专利的特殊气提塔，具有高效的 CO_2 气提设施。

任务六　了解等压双气提工艺

意大利 Montedision 公司开发的等压双气提流程简称 IDR 法。该法采用两个串联的气提塔分解合成液中未转化的甲铵。第一气提塔采用预热氨气提，出口液进入第二气提塔，第二气提塔用原料 CO_2 气提，进一步分解甲铵以及使游离氨解吸。IDR 法主要用于老厂改造。

1. IDR 等压双气提工艺简介

从合成塔出来的尿素溶液进入两个串联的气提塔内，采用蒸汽间接加热，通过加热和气提双重作用将未转化物分离出来。第一气提塔用 NH_3 气提，第二气提塔用 CO_2 气提，两个气提塔均采用与合成等压力下进行气提。从第一气提塔出来的气体直接进入合成塔上部结构的底部，从第二气提塔出来的气体与合成塔顶排出的气体一并送甲铵冷凝器，冷凝回收热量后去分离器，分离后的液体进入合成塔上部结构的底部返回合成塔。从合成塔排出的液体经第一气提塔和第二气提塔后去中压系统。

2. IDR 等压双气提主要特点

① 合成系统压力温度较高，氨碳比也较高，可使 CO_2 的转化率高达 70％以上。合成塔分为上下两段，在下段的下部加入部分新鲜氨，以提高氨碳比，进一步提高转化率。由于转化率高可降低循环冷却水、电、水蒸气的消耗量及分解回收部分的负荷。

② 使用两台气提塔，第一气提塔以氨为气提剂，使部分未转化为尿素的甲铵分解，并以气相形式返回合成塔。第二气提塔以 CO_2 为气提剂，使大部分过剩氨蒸出。因此第二气提塔出液中的 NH_3 和 CO_2 含量均较低。

③ 采用两台卧式高压甲铵冷凝器，具有列管与管段间不存在应力裂蚀腐蚀的优点。第一甲铵冷凝器用于副产 0.7MPa（绝）的低压蒸汽，第二甲铵冷凝器副产少量 0.4MPa（绝）的低压蒸汽。所产蒸汽用于中压分解，一、二段蒸发，解吸等工序。由于副产蒸汽压力较高，可提高各加压设备的传热温差，从而减少各加热设备的传热面积，节省投资。在高压甲铵冷凝器内部设置了甲铵喷射泵，加大甲铵在冷凝器内部的循环量，提高了传热效果。

④ 加入少量的设备防腐空气，空气的加入量约为 CO_2 气提工艺的 1/4。防腐空气由空气压缩机压至合成压力，分别加至 CO_2 气体管线及液氨管线。另外，还在合成塔至 NH_3 气提塔，NH_3 气提塔至 CO_2 气提塔及甲铵分离器至合成塔的管线上加入少量液体钝化剂，以保证设备的液相部分形成良好的钝化膜。由于较好地解决了设备的防腐问题，生产可在设计负荷的 40％下运行。

任务七　了解 UTI 热循环法工艺

美国 UTI 公司成立于 1977 年，由从事尿素工厂设计和生产的专家组成，开发了热循环尿素工艺，成功地建设了 14 套该工艺的尿素装置（有新建成厂，也有对原循环工艺的老厂进行节能增产改造）。据称，热循环尿素工艺有低成本、低能耗、合成系统简单且无需特殊结构材料的高压设备、腐蚀轻微、年运转率高、产品质量好和无污染等特点，其最大能力为 2kt/d。该工艺较适合于传统的全循环工艺的老厂节能增产改造，投资回收期较短。

1. UTI 热循环法工艺简介

UTI 热循环法高压部分只有一个合成塔，并未组成高压圈，其合成转化率较高，热利用较好。总量 60％的 CO_2，总量 70％的液氨和返回的高压甲铵液送至合成塔顶部的分离器，将三物料均匀分配，然后送至 2 组（每组 6 根）成十字交叉的"弓"形弯管中，弯管末端在合成塔下部另设一种罩式分布器，物料经管外上移，从塔顶排出，减压至 2.06MPa 经分配器送至第一换热器，再经第一分解器（蒸汽加热）进入第一分离器。从第一分离器中分离出的气体在第一换热器管外与二段来的稀甲铵液以及少于总量 40% 的 CO_2 化合生成甲铵液，反应生成的热量被换热器中管内的尿素移走。由第一分离器分离下来的液体在第二换热器管内与管外的物质（由第一换热器来的物料和另一小部分 CO_2 反应生成的物质）进行热交换，然后送至第二分离器。分离后的气体送至二段冷凝器。从第二分离器下来的液体进入第三换热器管内，与管外的由第二换热器来的物料以及另一小部分 CO_2 反应所生成的甲铵液再进行换热，然后进入浓缩分离器。经浓缩分离器分离出的气体送至真空冷凝器，而此时浓度为 86% 的尿液则送去进一步浓缩。第三换热器管外的浓甲铵液进一步换热后加热送至合成塔。工艺流程简图见图 1-79。

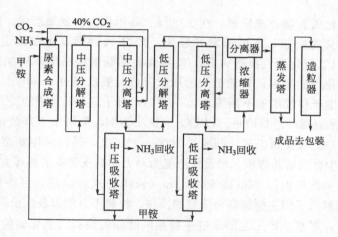

图 1-79 UTI 工艺流程图

2. UTI 热循环法工艺主要特点

① UTI 尿素工艺采用特殊设计的"等温合成塔"，该塔装有一个贯穿合成塔且内部开口的原料盘管，循环返回的甲铵及约 60% 的原料 CO_2，从合成塔顶的盘管送入，沿盘管向下流动，反应生成氨基甲酸铵。然后，沿盘管外表面向上流动，向上流动过程中，管内生成甲铵的反应热经盘管传递，以促进甲铵脱水生成尿素。

② UTI 尿素工艺从全系统的热平衡出发，将占总量 40% 的 CO_2 直接送到中压吸收系统与尿素溶液间接换热，使该溶液中所含的氨基甲酸铵分解，并将尿素溶液浓缩到 88%。为此，甲铵生成热得到充分利用，降低了蒸汽和冷却水的消耗，也降低了压缩 CO_2 气体的能耗。

③ 处理尿素工艺冷凝液采用单一的水解气提塔，水解气提塔操作压力为

0.9MPa，最低操作温度 180℃。

④ 尿素产品中缩二脲含量低，尿素质量高。

⑤ UTI 尿素工艺对造粒塔进行了改进，空气从塔底吹入，从塔顶中心抽出，尿素造粒喷头安装在空气抽出口和塔壁之间，这样补偿了由于造粒塔直径过大造成的"效率降低"。这种"错流设计"使造粒塔内的冷却效率提高了两倍以上，因此此法的造粒塔直径小，高度也低。

⑥ 设备造价低。由于 CO_2 转化率高，相应的合成塔设备和循环系统设备投资即可降低，使总投资大幅度下降。

分项目二　尿素生产技术发展

氨与二氧化碳直接合成尿素，在 20 世纪 50 年代以前发展缓慢，随着尿素生产中一些技术难关的突破，才迅速发展起来。60 年代初期以水溶液全循环法为主，进入 70 年代以二氧化碳气提法居多，80 年代后期氨气提法等发展加快，生产体系向单系列大型化方向发展。目前最大的尿素合成装置已超过 2500t/d。

随着尿素生产和技术的不断发展，一方面，对于应用广泛的工艺，其专利商针对自己工艺的缺点继续进行改进。以 CO_2 气提法为例，斯塔米卡邦公司经多年研究，近些年推出了 CO_2 气提新工艺，即尿素 2000＋™工艺，通过采用新型高效塔盘、池式冷凝器、减少合成塔的容积、增设借液氨为动力的高压氨喷射器等方法，使生产能力增加 35%，主框架由原 76m 降至 38.5m（采用卧式合成塔，可将框架高度降至 22.5m），从而解决了因主框架高而造成的操作、检修不方便以及造价高等问题。

另一方面，尿素生产工艺的改进主要是围绕如何提高二氧化碳的转化率，减少循环量，降低能耗、原料消耗以及提高尿素质量来进行。

（1）提高二氧化碳转化率　如日本的三井东压全循环改良 C 法，在 200℃高温和 25MPa 的压力下操作，转化率可达 71.7%。美国孟山都环境化学公司（MEC）热循环尿素流程（UTI），采用等温尿素合成塔，其合成单程转化率达 78%。瑞士卡萨利（CASALE）公司提出高效组合尿素工艺（HEC）的专利技术，高压分为 22MPa 和 15MPa 两种压力。高压甲铵冷凝器和第一合成塔操作压力为 22MPa，液氨和 CO_2 先进甲铵冷凝器，后进第一合成塔，$n(H_2O)/n(CO_2)_2$ 为 0，CO_2 转化率可达 75%。第二合成塔和高压分解器操作压力为 16.5MPa，CO_2 转化率为 61% 以上，总 CO_2 转化率可达 70% 以上。

（2）采用氨气提或双气提法　尿素合成出口溶液采用 CO_2 气提，利于甲铵和过剩氨的分解与回收。如果采用 NH_3 气提，不仅有利于甲铵和 CO_2 的分解，还可以维持液相较高的氨浓度，减少副反应的发生，同时氨的来源比 CO_2 要充足得多，并且 NH_3 气提对设备的腐蚀性相对比 CO_2 气提要小些，对材料的要求相应可以降低。如果尿素合成出口溶液采用双气提分解，即第一气提塔采用 NH_3 气提，第二气提塔采用 CO_2 气提对甲铵分解和氨、二氧化碳解吸均有利，总气提效率高，低压分解负荷可以减小，同时又能防止副反应进行，无疑可提高尿素的产量和质量。

（3）降低能量消耗　如 UTI 流程，由于其单程转化率达 78％，因而降低了循环功耗。流程中 60％的 CO_2 去尿素合成塔，40％的 CO_2 去中压系统，用以提高中压回收系统甲铵液的 CO_2 含量，从而提高甲铵液的熔点，以利于热量回收，因此，不仅减少了蒸汽用量而且降低了 CO_2 的压缩功。该流程中 80％～85％的低位能冷凝反应热得以回收利用，蒸汽消耗少。尿液浓度 88％，可节省蒸发蒸汽的用量。

（4）尿素造粒技术的改进　传统的尿素成粒过程中大多采用塔式造粒，尿素的粒度普遍小于 2.5mm。由于粒度小、强度低，在运输、储存及施肥过程中极易部分粉化，因而施入土壤后迅速溶于水中，氮流失量大，肥效不易长久保持。据统计，施用时约有 50％的尿素在土壤中因挥发、淋溶等原因而损失，即使用作追肥，其氮的流失率也高达 30％～65％。这不仅造成了巨大的经济损失，而且对环境不利。因此，对现有尿素造粒技术进行改造，提高尿素的利用率已成为当务之急。在生产过程中尿素最后成粒时，如何改进生产工艺，直接制成较大颗粒的尿素是解决这一问题的最直接、最有效的方法。大颗粒尿素具有较高的强度，不易粉化，播撒在土壤里可保存较长时间，养分可以缓慢释放。研究表明，大颗粒尿素深施比表施更有利于提高氮的利用率，并且大颗粒尿素有利于二次加工成掺混肥或包覆肥。目前世界上经济发达国家和地区的农用尿素绝大部分是大颗粒尿素。在北美（美国和加拿大）尿素总产量的 95％为流化床造粒。在欧洲，使用喷淋造粒和流化床造粒的厂家各占一半，其中意大利有 80％的尿素是大颗粒产品。可见，大颗粒尿素的使用已成为提高肥效、降低尿素实际使用成本的必然途径。目前，典型的造粒技术有挪威哈焦（Hydro）公司的流化床造粒技术、意大利斯那姆公司的滚筒造粒技术、法国 K-T 公司的转鼓流化床造粒技术及 Tec 公司的喷流床造粒技术等。

相关仿真知识6　尿素生产工艺总流程图的解读

尿素生产工艺流程简图见图 1-80。

① 反应设备：R-101 尿素合成塔、E-105 高压甲铵冷凝器。

② 未反应物的分离设备：E-101 氨气提塔、E-102A/B 中压分解塔、E-103 低压分解塔、C-102 解吸塔及 R-102 水解器。

③ 未反应物的回收设备：C-101 中压吸收塔、C-103 中压惰洗塔、C-104 低压惰洗塔。

④ 纯尿液浓缩设备：E-113 真空预浓缩器、E-114 一段真空浓缩器。

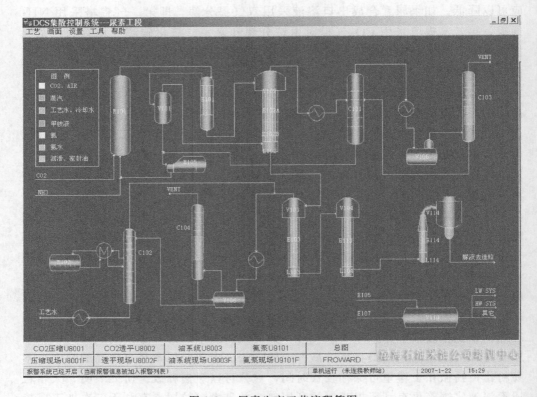

图 1-80　尿素生产工艺流程简图

 想一想练一练

1. 解读水溶液全循环法尿素生产工艺流程。
2. 解读二氧化碳气提法尿素生产工艺流程。
3. 解读全循环改良 C 法尿素生产工艺流程。
4. 当今尿素生产技术的发展趋势如何？

项目七　尿素生产设备的腐蚀与防护

学习目标

1. 知识目标：学会尿素生产腐蚀机理；
2. 能力目标：学会尿素生产过程介质因素对腐蚀的影响；
3. 情感目标：学会尿素生产过程中的防腐蚀措施，培养与人合作的岗位工作能力。

　**项目任务**

1. 尿素生产腐蚀机理；
2. 尿素生产过程介质因素对腐蚀的影响；
3. 尿素生产过程中的防腐蚀措施。

　项目描述

该项目阐述了尿素生产设备的腐蚀机理、尿素生产过程介质因素对腐蚀的影响；重点介绍了尿素生产过程中的防腐蚀措施。

　项目分析

尿素生产过程中的防腐蚀措施是学习重点。

　知识平台

1. 常规教室；
2. 实训工厂。

　**项目实施**

尿素生产过程中的工艺物流具有非常强烈的腐蚀性。腐蚀主要集中在尿素生产过程中的高温、高（中）压工艺设备上。还有甲铵泵、管道、阀门及钢结构框架、造粒塔构筑物等。为此，工艺人员必须特别熟悉和精准掌握尿素生产过程中的设备的腐蚀机理和防护方法。

任务一　识读尿素生产腐蚀机理

在尿素生产腐蚀机理研究中，普遍认为生产过程中的中间产物甲铵的化学性腐蚀和高温高压下介质的电化学腐蚀是导致金属腐蚀的主要原因。

甲铵液对尿素生产设备的腐蚀是由于电化学腐蚀和水解产生的游离碳酸引起的；高温高压下尿素溶液对尿素生产设备的腐蚀是由于尿素异构化产生氰酸铵，氰酸铵又分解生成游离氰酸导致的。

1. 化学性腐蚀

尿素合成反应过程中产生的中间产物甲铵、尿素和水的混合溶液具有极强的腐蚀性，在高温高压下更加严重，而纯的 NH_3、CO_2 则没有腐蚀性。

（1）氨基甲酸根的腐蚀　液氨、气体二氧化碳和水混合后发生合成反应所生成的甲铵溶液，在高温高压下对不锈钢具有特别强烈的腐蚀性。这是因为：

$$NH_4COONH_2 + H_2O \longrightarrow NH_4^+ + COONH_2^- + H_2O$$

氨基甲酸根（$COONH_2^-$）呈还原性，能阻止并破坏金属表面钝化型氧化膜的生成，使金属表面产生活化腐蚀，其腐蚀强度与甲铵溶液的温度和浓度成正比。

（2）氰酸根的腐蚀　在高温高压下，尿素水溶液中存在着下列尿素异构化反应：

$$CO(NH_2)_2 \Longrightarrow NH_4CNO$$

$$NH_4CNO \Longrightarrow NH_4^+ + CNO^-$$

氰酸根（CNO^-）具有强烈的还原性，使金属表面不容易形成钝化型氧化膜而导致严重的活化腐蚀。

（3）形成氨的络合物而腐蚀　在高温高压下，尿素甲铵液中的氨作为配位体会与不锈钢中的镍、铬、铁等元素的氧化物形成络合物，从而破坏了不锈钢表面的钝化型氧化膜，使不锈钢表面出现活化腐蚀。

（4）形成羰基化合物而腐蚀　尿素甲铵溶液与不锈钢会发生羰基化反应，生成金属的羰基化合物 $Me_m(CO)_n$，从而使金属溶解到介质中而发生腐蚀。

2. 电化学腐蚀

在高温高压下，尿素甲铵液中的 NH_4^+、$COONH_2^-$、CO_3^{2-}、OH^-、H^+ 等离子是强电解质电离产生的大量离子，从而使其具有较强的导电性，与其相接触的金属表面会形成无数个微电池，溶液中的 H^+ 和 O_2 从阳极上取走电子被还原，发生了去极化作用，使得电化学腐蚀过程得以持续进行而导致严重的破坏。

阴极：金属变成离子进入溶液而被氧化，电子转入阳极

$$Me - e^- \longrightarrow Me^+$$

阳极：溶液中的 H^+ 或 O_2 从阳极获得电子而被还原

$$H^+ + e^- \longrightarrow H$$

$$H + H \longrightarrow H_2 \uparrow$$

$$O_2 + 2H_2O + 4e^- \longrightarrow 4OH^-$$

尿素生产中所用的不锈钢（或钛）材料既可能产生活化腐蚀，又可能维持电化学腐蚀，是极其有害的双重损坏。

任务二　识读尿素生产中腐蚀规律分析及腐蚀类型

一、腐蚀规律分析

尿素生产中的介质有液氨、二氧化碳、氨水、尿素溶液、水、甲铵溶液和尿素甲铵溶液。纯的 NH_3、CO_2、甲铵和尿素单独存在时，腐蚀性并不严重，在有水存在或各介质混合后所产生的生成物具有较强的腐蚀性，如液氨或干的 CO_2 对碳钢并不产生腐蚀，但湿的二氧化碳、氨水或由它们生成的碳酸溶液对碳钢就具有比较强的腐蚀性。有的介质在常温下，其腐蚀性是比较缓和的，但在较高温度下，对不锈钢会产生强烈腐蚀，如甲铵溶液，温度在 160℃ 以下时，采用 316L 低碳不锈钢能耐腐蚀，但温度超过 160℃ 时则腐蚀加剧，需要采取加氧保护措施。有的物料本身腐蚀性不大，但在一定温度下其形成的同分异构物却具有强烈的腐蚀性，如尿素溶液，在常温下腐蚀性并不强烈，但当温度超过 100℃ 时，由于少量尿素转化成氰酸铵或氰酸，其中氰酸

根就具有强烈的腐蚀性。

尿素生产过程中的介质对设备和管件具有以下的腐蚀特征,其中腐蚀性最强的是高温高压下的甲铵液和尿素甲铵液。

二、腐蚀类型

1. 均匀腐蚀

金属材料在尿素甲铵溶液中的腐蚀一般表现为均匀腐蚀。导致整个金属表面或大块金属表面失去金属光泽,变得粗糙而均匀变薄。在设计设备和管道时,必须考虑适量的腐蚀裕度,可避免设备和管道被突然破坏的恶性事故。

金属材料在尿素甲铵溶液中的耐均匀腐蚀性能与金属表面形成的氧化膜的质量和溶液中的溶解氧含量有极大的关系。钝化后的铬镍不锈钢,在加氧的尿素甲铵溶液中,能够继续维持金属氧化膜的完整无缺损,腐蚀率是很低的,一般均在 $0.01\sim0.1$ mm/a 的范围内。但是,在操作过程中如果出现超温、断氧、硫化物含量偏高等不正常状况时,腐蚀率会成倍地增加。

2. 坑蚀

坑蚀是特别危险的腐蚀形式,它在一定区域内发展并往深处穿透,导致设备和管件的局部穿孔。其原因是溶液中出现活性离子(如 Cl^- 和 HS^- 等)置换了不锈钢表面比较薄弱的氧化膜中的氧,在活性离子的吸附点上产生了可溶性的金属化合物,使氧化膜上形成小孔,削弱了氧化膜保护的小孔表面腐蚀加剧,以致最后将小孔穿透。

3. 缝隙腐蚀

缝隙腐蚀一般发生在设备或管件的缝隙或滞流区(即设备内螺纹连接处、法兰连接处、设备结构中的滞流区或垢层下等)。在缝隙或滞流区内,因氧气不易通过,出现严重缺氧而加剧腐蚀。该腐蚀形式发展比较快,造成的后果也比较严重。

4. 晶间腐蚀

晶间腐蚀的产生原因:是不锈钢在使用过程中经过 $450\sim850$℃ 之间的二次加热或经过该温度内的缓慢冷却,不锈钢在晶间析出了碳化铬($Cr_{23}C_6$),由于铬的扩散速率低于碳,当晶间析出碳化铬后,碳很快地补充到晶界附近,而铬却来不及扩散到晶界,在继续析出碳化铬后,就造成晶间附近的贫铬区,当铬含量降到所需要的极限含量之下时,贫铬区就优先腐蚀,即导致晶间腐蚀。

对不锈钢的晶间腐蚀的评价:所有腐蚀破坏类型中危害性最大的一种形式。不锈钢的晶间腐蚀的腐蚀特点:介质侵蚀沿着晶界进行而引起的金属破坏,尽管外观露不出腐蚀迹象,但它却能引起金属抗压强度和延展性严重降低。

晶间腐蚀主要发生的部位:

① 设备、管道的焊接接头的热影响区。

② 热加工后未经固熔处理的零部件。

为防止晶间腐蚀,通常采取以下措施:

① 设备及其焊接材料均应采用含碳量小于 0.03% 的超低碳不锈钢;

② 焊接材料含铬量高于 25%;

③ 不锈钢的焊接和补焊采用氩弧焊技术进行;

④ 对不锈钢采用良好的(水冷)固熔处理。

5. 选择性腐蚀

(1)定义　这种电化学作用造成的不锈钢基体的破坏称为选择性腐蚀。尿素甲铵液对双相不锈钢(主要是奥氏体、铁素体相)具有较强的选择性腐蚀能力,由于不锈钢的不同组织具有不同的化学成分,在尿素甲铵液中形成腐蚀电池的阳极和阴极,结果是电位较低的组织(阳极)铁素体相就被优先溶解而腐蚀掉。

(2)规律　尿素甲铵液中氧含量的多少与双相不锈钢发生何种选择性腐蚀有关。在含氧量较充分的溶液中易产生铁素体相的选择性腐蚀,而在缺氧的条件下,则易产生奥氏体相选择性腐蚀。

(3)防止措施

① 防止铁素体相的选择性腐蚀的措施　一是调整材质的化学成分,使其具有奥氏体形成的元素;二是提高铬含量,降低碳含量。

② 防止奥氏体相的选择性腐蚀的方法　一是通过加氧或空气的方法来提高尿素甲铵液中的氧含量;二是在不加氧的中压分解系统中,采用无镍或低镍双相不锈钢的材质。

6. 应力腐蚀

金属材料受应力作用,会在表面产生局部变形,晶间断裂产生细微裂缝,保护膜被破坏造成局部区域的严重腐蚀。

介质中含有过量的氯离子,会加剧应力腐蚀破坏。所以,要严禁氯离子进入设备,严禁氯离子进入尿素甲铵液,严格控制蒸汽、锅炉水和冷却水中氯离子含量。

7. 冷凝腐蚀

由于设备或管线保温不好,产生的 NH_3、CO_2 和 H_2O 混合气体冷凝成甲铵液,而甲铵液溶解了不锈钢表面氧化膜中的氧,使氧化膜被破坏所造成的腐蚀称为冷凝腐蚀。

8. 磨蚀

工艺介质在金属表面流动会造成机械磨损,这种磨损称为磨蚀。可分为湍流腐蚀、冲刷腐蚀、气蚀等类型。

任务三　识读影响腐蚀的因素及其防腐蚀的措施

生产中尿素甲铵液对金属材料的腐蚀过程包括化学腐蚀和电化学腐蚀过程。因此,防腐蚀措施主要从工艺介质和耐腐蚀材料两方面来考虑。

1. 影响腐蚀的因素(工艺介质防腐)

工艺介质对设备腐蚀的影响主要有温度、氨碳比、水碳比、甲铵浓度、氧含量以及硫化物和氯离子等有害杂质。上述各项也是工厂在运行过程中采取防腐蚀措施的主要控制指标。

(1)温度　温度升高,会导致电化学腐蚀、尿素水解和尿素异构化反应加剧、氧在尿素甲铵液中的溶解度降低而使氧化膜不易维持,从而使腐蚀加剧。实验发现,不锈钢在165℃以下时,温度对腐蚀速率的影响不大,但当温度从165℃提高到200℃时,腐蚀速率约增加3~4倍。

各种金属材料在尿素甲铵液中有一定的温度使用范围:00Cr17Ni14Mo2(尿素级316L)、00Cr17Ni14Mo3、00Cr17Ni14Mo2N等使用温度不得大于195℃,钛的使用温度不得大于210℃。

操作温度是尿素生产中控制腐蚀的主要工艺参数,超温1~2℃就会出现明显的腐蚀增加。如果工艺介质和尿素产品中的镍含量升高,则表明腐蚀加剧了。因此,操作上应严格防止超温。

(2)氨碳比 提高尿素甲铵液中的氨碳比,即增加了溶液中氨的浓度,对降低腐蚀是有利的。由于氨的存在,既可以中和溶液的酸性,提高溶液的pH值,又可以抑制对大多数金属具有强烈腐蚀作用的氰酸和氰酸铵的生成,还可以减轻因大量水存在引起的腐蚀。从防腐角度出发,尿素合成氨碳比大于3比较适宜。

(3)水碳比 如果尿素高压系统中水碳比升高,即加入水量过多,会使溶液中氨的浓度降低,氰酸或氰酸铵易生成,而且降低了溶液的pH值,提高了溶液的腐蚀性。水碳比升高,还会引起气提塔内气提效率降低,使气提塔出液温度上升,加剧气提塔的腐蚀。因此,生产中应适当降低高压系统的水碳比。

(4)甲铵浓度 甲铵液对大多数金属有强烈的腐蚀作用,且甲铵浓度越大,温度越高,腐蚀越激烈,特别是在甲铵生成或分解时,其腐蚀性更大。甲铵液强烈腐蚀作用的主要原因是它能破坏金属表面的氧化膜,使金属由钝化态变为活化态。因此,在甲铵生成或分解反应强烈的部位均选用防腐能力更高的材料,并严格控制反应温度。如气提塔的气提管采用00Cr25Ni22Mo2(25-22-2),而非尿素级316L;许多工厂的高压甲铵冷凝器列管原设计为尿素级316L,由于腐蚀严重,后均改为25-22-2材料。

(5)氧含量 尿素甲铵液中有氧存在,会使铬镍钼不锈钢表面形成并保持致密氧化膜,把金属表面完全地和腐蚀介质隔离起来,使腐蚀大大降低。为维持氧化膜的完整,溶液中氧含量应大于10mg/L。因此,原料CO_2中需加入一定量的空气或在高压系统某几个部位加入双氧水,以保护设备不受腐蚀。

(6)硫化物 原料CO_2中硫化物以无机硫(H_2S)和有机硫(主要是COS)形态进入高压系统,COS在尿素甲铵液中会发生水解反应生成H_2S,H_2S与氧作用生成H_2SO_x(有脱氢系统的装置,CO_2中的硫化物与氧发生燃烧反应后生成SO_2),所以在溶液中有HS^-、S^{2-}和SO_x^{2-}等强还原性酸性离子,它们与不锈钢表面接触,破坏氧化膜。同时,反应会消耗一部分氧,降低了氧对氧化膜的修复作用。因此,进入高压系统中的硫含量应尽可能低,原料CO_2中硫含量一般控制在小于$2mg/m^3$。

当硫化氢含量在一定范围内,增加氧含量能够修复被硫化物破坏的氧化膜,但硫化物含量超过$15mg/m^3$时,即使增加氧含量,氧化膜也难以被修复。

(7)氯离子 尿素甲铵液、蒸汽及冷凝水中含有氯离子,在一定条件下会引起不锈钢的应力腐蚀破裂或孔蚀。因此,应严格禁止氯离子进入设备,应防止蒸汽冷凝液中的氯离子浓缩而造成氯离子的富集,控制蒸汽和蒸汽冷凝液中的氯离子≤0.5mg/L;冷却水中的氯离子≤100mg/L。

2. 防腐蚀的措施

(1)空气与双氧水防腐 早期由于设备腐蚀问题没有得到解决,严重制约了尿素工业的发展,直到1953年荷兰斯塔米卡邦公司发现,加氧可以防止铬镍钼不锈钢在尿素甲铵液中的腐蚀,尿素工业才得以飞速发展。

① 空气防腐 铬镍钼不锈钢之所以耐腐蚀,是因为其表面的氧化膜隔离了尿素甲铵液,使金属得到保护,而不锈钢表面上保持和生成氧化膜的最主要因素是液体中保持足够高的氧浓度。如果溶液中缺氧,氧化膜将很快被破坏,金属处于活化状态,其腐蚀速率急剧增加。溶液中最低氧含量,即临界氧含量随材料不同而不同,并随着尿素甲铵液组成和操作温度的变化而变化。例如尿素级316L材料的临界氧含量>10mg/L;25-22-2材料的临界氧含量为5~10mg/L;Ti的临界氧含量约3mg/L。

为了在系统中最不易吸收氧的部位保持有足够的氧含量,确保金属表面氧化膜的致密和完整性,再考虑到溶液中所含的H_2S和FeO等杂质,还要消耗一部分氧气,故实际加氧量较临界氧含量要高得多。据资料介绍,在正常生产中,原料CO_2气的O_2含量为0.80%(体积分数)时,合成塔气相中相应的O_2含量为1.50%(体积分数)左右,液相的氧溶量可达80mg/L,气提塔液相中的氧溶量可达20mg/L。

氧可以以纯氧形式加入原料CO_2中,但为了防止高压尾气中氢氧混合气体的爆炸,一般以空气(空气中含21%氧气)代替纯氧加入CO_2中。加空气防腐对生产带来不利的方面是:空气占据了合成塔的有效空间,物料停留时间降低,加上高压系统惰气的分压升高,因而降低了CO_2转化率;使高压尾气可能进入爆炸范围,危及安全生产;CO_2压缩机有效输气能力下降,能耗增加。

② 双氧水防腐 鉴于加空气防腐存在的不利方面,目前许多尿素装置采用向高压系统加双氧水的方法进行防腐。

双氧水防腐的三个好处:a. 双氧水注入后,能很快扩散溶解并均匀分布在液相中,高温下分解出强氧化性的活性氧原子,能很好地起到修复和保护金属表面氧化膜的作用;b. 可大幅度降低空气加入量,降低了CO_2压缩机的功耗,增加生产负荷;c. 可降低高压尾气的燃爆性,提高生产安全度。

由于高温下双氧水分解出的活性氧原子:$H_2O_2 \longrightarrow H_2O + [O]$,而活性氧原子在介质中只能存在几秒或十几秒钟,即变成分子态,失去强氧化性:$[O] + [O] \longrightarrow O_2$,所以双氧水不适用于物料停留时间很长的尿素合成塔防腐。

在CO_2气提法高压系统中,双氧水从三个点同时加入,一是低压甲铵液进入高压洗涤器的入口处;二是液氨进入高压甲铵冷凝器的入口处;三是合成塔出液进入气提塔的入口处。一般加入的双氧水的浓度为3%~5%,总用量为3.3kg/t,就能够确保这三台高压设备氧化膜的致密和完整。而合成塔的防腐则还是需要在原料CO_2中加入少量的空气,使CO_2中的氧含量保持在约0.25%(体积分数)。

(2)钝化 不锈钢的钝化,是指不锈钢在氧或氧化性介质的作用下,表面生成一层氧化膜，使不锈钢和腐蚀介质相互隔开，从而提高了不锈钢的耐腐蚀性能。

生产中尿素合成塔等设备的氧化膜被破坏后，在有一定溶解氧的正常运行条件下，氧化膜仍能自行修复，使不锈钢不再腐蚀。由于气提塔操作温度高，腐蚀条件恶劣，氧化膜被破坏后不能在正常运行中重新修复，因此，在开车前必须进行良好的钝化处理。

不锈钢表面一般在常温下也能生成氧化膜，但氧化膜质量很差，开车后不能抵御尿素甲铵液的腐蚀。只有具备"高温、湿壁、有氧"三个条件（也就是钝化温度应达到 $125℃$ 以上；金属表面应湿润，有一层液膜；气相中氧含量一般不低于 1%，使液膜中达到一定量的溶解氧），不锈钢表面才能产生一层致密、牢固和完整的氧化膜。

在升温钝化过程中，升温控制的关键在合成塔，这是因为合成塔不锈钢内衬的膨胀系数是碳钢筒体的 1.5 倍，升温过快容易造成衬里变形而损坏，因此必须严格控制升温速率，一般 $10\sim12℃/h$ 为宜。而气提塔、高压甲铵冷凝器和高压洗涤器筒体因设有膨胀节，对升温速率要求不是很高，只要不超过 $40℃/h$ 即可。高压系统钝化质量的好坏关键是看气提塔，要保证系统内压力稍高于气提塔壳侧蒸汽压力，使气提塔列管内始终有蒸汽被冷凝。当合成塔塔壁温度达到 $125℃$ 以上时钝化8h，可认为高压系统钝化合格。目前常用的升温钝化方法有以下两种：

一是 CO_2 加空气加水法，约 $20000m^3/h$（标准状况）含氧 1% 左右的 CO_2 进入高压系统，同时注水使 CO_2 被水饱和，系统压力 $8.0\sim10MPa$。此法升温平稳，钝化可靠，有成熟的经验，钝化时间应不低于 6h。此法的缺点是要有足够的 CO_2，而且 CO_2 压缩机必须运行，升温钝化过程中能耗大，噪声大。

二是蒸汽加空气法，采用 $0.6MPa$ 的蒸汽和 $0.65MPa$ 的空气进入高压系统进行升温钝化，系统压力约 $0.5MPa$，钝化时间应不低于 8h。此法不受 CO_2 供应条件的限制，CO_2 压缩机无需运行，能耗低，缩短装置整个开车时间，而且升温钝化过程无噪声。缺点是升温钝化过程中温度不易控制。

由于蒸汽加空气法优点明显，目前各厂基本上都采用此法。

（3）生产过程中的防腐蚀措施

① 控制进入界区原料液氨和二氧化碳气体中的油含量和硫含量。

② 控制高压系统操作压力、温度、进料氨碳比、水碳比等工艺指标在适宜范围内。

③ 控制高压气提塔温度及高压汽包压力，严防超温和超压。

④ 开车前高压系统升温要合格。

⑤ 正常生产时在二氧化碳气体中加空气或向高压设备加双氧水防腐。

⑥ 规定高压系统重新升温钝化的条件。生产中，如遇下列情况应立即进行系统排放，检查或检修设备后，高压系统重新升温钝化：

a. 系统断氧 5min；

b. 生产负荷低于 65% 运行 2h；

c. 气提塔超温至 175℃以上 2h，超温至 185℃以上 10min；

d. 尿素成品中的镍（Ni）含量连续两天超过 0.30mg/kg，确认高压某设备发生泄漏；

e. 高压设备检漏孔发现泄漏；

f. 高压调水温或蒸汽冷凝液发现氨和电导值超高，并经取样分析确认高压某设备发生泄漏。

⑦ 封塔规定。封塔是指尿素生产条件短期遭到破坏，如设备损坏、原料供应停止以及公用工程的水、电、汽、仪表风等供给中断时，尿素合成塔停止进料和出料，将尿素-甲铵溶液保压储存于塔内。

⑧ 加强对产品中 Ni 含量的分析监测。

⑨ 加强对水质的监测和控制。

⑩ 加强对装置工艺、设备的管理和维护，定期对尿素产品的镍含量及全系统分段物料（合成塔、气提塔、精馏塔和尿液槽的液相）的镍含量进行分析，以掌握各部位设备的腐蚀情况，并为设备的处理提供依据。

⑪ 加强对工艺设备、管线的保温设施的管理和维修，特别是设备的封头和吊耳部位要更为重视，始终保持良好的保温状态，以避免雨水的进入，造成设备的冷凝腐蚀。

 想一想练一练

1. 尿素生产设备的腐蚀机理是什么？
2. 尿素生产过程介质因素对腐蚀的影响如何？
3. 尿素生产设备的防腐蚀措施有哪些？

尿素仿真实训知识汇总

（包括尿素生产工艺仿真实训设备说明及工艺条件、开停车操作规程、事故处理方法）

单元一　概述

一、尿素生产工艺设备说明

（R：反应器；C：塔或器；L：罐；V：分离器等；E：换热器等；P：泵；T：槽）

1. 按类型划分

主要设备	
R-101（尿素合成塔）	R-102 水解器
C-101 中压吸收塔	C-104（低压惰洗塔）
C-102（解吸塔）	C-105（氨吸收塔）
C-103 中压惰洗塔	C-106 蒸汽冷凝液解吸气吸收器

续表

主要设备	
L-101 甲铵循环喷射器	L-104 真空预浓缩用罐
L-102 中压分解塔底部用罐	
L-103 低压分解塔底部用罐	L-114 一段真空浓缩器用罐
V-101(高压甲铵分离器)	V-113 排气筒
V-102 中压分解塔分离器	V-114 一段真空浓缩器分离器
V-103(低压分解塔分离器)	V-116A/B/C 液氨预热器
V-104 真空预浓缩分离器	V-117A/B/C 碳铵液预热器
V-105(氨槽)	V-118 低压蒸汽缓冲罐
V-106 碳铵溶液槽	V-119(CO$_2$ 一段分离器)
V-107 液氨加热器	V-120(CO$_2$ 二段分离器)
V-108 液氨加热器	V-121(CO$_2$ 三段分离器)
V-1092.17MPa 蒸汽汽包	V-122 油高位槽
V-110 蒸汽冷凝液槽	V-123 油加热器
V-111(预分离器)	
E-101 氨气提塔	E-114 一段真空浓缩器(加热段)
E-102A/B 中压分解塔	(真空浓缩塔)
E-103 低压分解塔	E-116(解吸塔第一预热器)
E-104 高压碳铵液预热器	E-117(解吸塔第二预热器)
(碳铵液与废水换热器)	E-118A/B 水解器预热器
E-105 高压甲铵冷凝器	E-119(CO$_2$ 一段冷却器)
E-106 中压冷凝器	E-120(CO$_2$ 二段冷却器)
E-107(高压)液氨预热器	E-121(CO$_2$ 三段冷却器)
E-108 低压冷凝器	E-122(表冷器)
E-109A/B 氨冷凝器	E-123 蒸汽冷凝液储罐
E-110 蒸汽冷凝液冷却器(水冷)	E-130 净化水(废水)热回收器
E-111(中压氨吸收器)	E-131 蒸汽冷凝液冷却器
E-112(低压氨吸收塔)	E-151 一段真空系统冷凝器
E-113 真空预浓缩器	EJ-151 蒸汽喷射器
	E-152 冷凝器
P-101(高压液氨泵)	P-110A/B 蒸汽冷凝液泵
P-102A/B/C 高压碳铵泵	P-113A/B 蒸汽冷凝液泵
P-105A/B 氨升压泵	P-114A/B 解吸塔进料泵(主流)
P-106A/B 尿素溶液泵	P-116A/B 排放槽回收泵
P-108A/B 尿素熔融液泵	P-117A/B 工艺冷凝液泵
P-109A/B 尿素溶液泵	
DSTK-101(CO$_2$ 压缩机组透平)	T-102 工艺冷凝液槽
T-101 尿素溶液槽	T-104 碳铵液排放槽

2. 按流程图位号划分　(R：反应器；C：塔或器；L：罐；V：分离器等；E：换热器等；P：泵；T：槽)

流程图位号	主要设备
U8001 二氧化碳压缩工段	V-111（预分离器） E-119（CO$_2$ 一段冷却器） V-119（CO$_2$ 一段分离器） E-120（CO$_2$ 二段冷却器） V-120（CO$_2$ 二段分离器） E-121（CO$_2$ 二段冷却器） V-121（CO$_2$ 三段分离器） DSTK-101（CO$_2$ 压缩机组透平）
U8002 压缩机透平工段	E-122（表冷器） E-123 蒸汽与冷凝液的换热器 V-118 低压蒸汽缓冲罐 DSTK-101（CO$_2$ 压缩机组透平）
U8003 压缩机油系统	DSTK-101（CO$_2$ 压缩机组透平） V-122 油高位槽 V-123 油加热器
U9001 公用工程	管线简图
U9101 高压氨泵工段	V-107 液氨加热器 V-108 液氨加热器 V-116A/B/C 液氨预热器 P-101（高压液氨泵） P-105A/B 氨升压泵
U9102 高压碳铵泵工段	V-117A/B/C 碳铵液预热器 P-102A/B/C 高压碳铵泵
U9201 合成及高压回收工段	E-101 氨气提塔 E-104 高压碳铵液预热器 E-105 高压甲铵冷凝器 V-101（高压甲铵分离器） V-109 2.17MPa 蒸汽汽包 L-101 甲铵循环喷射器 R-101（尿素合成塔）
U9301 中压分解与循环工段	V-102 中压分解塔分离器 E-102A/B 中压分解塔 L-102 中压分解塔底部用罐 C-101 中压吸收塔 E-106 中压冷凝器 E-109A/B 氨冷凝器 C-103 中压惰洗塔 E-111（中压氨吸收器） C-105（氨吸收塔） V-105（氨槽） V-113 排气筒

续表

流程图位号	主要设备
U9401 低压分解与循环工段	V-103（低压分解塔分离器） E-103 低压分解塔 L-103 低压分解塔底部用罐 E-107 高压氨预热器 E-108 低压冷凝器 C-104（低压惰洗塔） E-112（低压氨吸收塔） V-106 碳铵溶液槽
U9501 尿液浓缩工段	V-104 真空预浓缩分离器 E-113 真空预浓缩器 L-104 真空预浓缩用罐 V-114 一段真空浓缩器分离器 E-114 一段真空浓缩器（加热段）（真空浓缩塔） L-114 一段真空浓缩器用罐 E-151 一段真空系统冷凝器 E-152 冷凝器 T-101 尿素溶液槽 T-102 工艺冷凝液槽 T-104 碳铵液排放槽 EJ-151 蒸汽喷射器 P-106A/B 尿素溶液泵 P-108A/B 尿素熔融液泵 P-109A/B 尿素溶液泵 P-114A/B 解吸塔进料泵（主流）
U9701 解吸与水解工段	E-104 碳铵液与废水换热器（碳铵液预热器） E-116（解吸塔第一预热器） E-117（解吸塔第二预热器） E-118A/B 水解器预热器 E-130 净化水（废水）热回收器 C-102（解吸塔） R-102 水解器 P-116A/B 排放槽回收泵 P-117A/B 工艺冷凝液泵
U9801 工艺水回收工段	E-110 蒸汽冷凝液冷却器（水冷） E-131 蒸汽冷凝液冷却器 V-110 蒸汽冷凝液槽 C-106 蒸汽冷凝液解吸气吸收器 P-110A/B 蒸汽冷凝液泵 P-113A/B 蒸汽冷凝液泵

二、工艺仿真范围

根据仿真培训的重要性不同，宁夏化工厂二化肥尿素装置仿真培训系统以仿DCS操作为主，而对现场操作进行了适当简化，以能配合内操（DCS）操作为准则。经双方协商确定宁夏化工厂二化肥尿素装置仿真培训软件工艺仿真范围如下。

1. 工艺范围

压缩工段；

合成及高、低压循环工段。

2. 边界条件

所有各公用工程部分：水、电、汽、风等均处于正常平稳状况。各工段的边界条件以甲方提供的"工艺原则流程图"上的数据为准。

3. 现场操作

现场手动操作的阀、机、泵等，根据开车、停车及事故设定的需要等进行设计。调节阀的前后截止阀不进行仿真，工艺系统的副线阀不进行仿真，泵仅对进出口阀进行仿真。

4. 物料平衡基准

以甲方提供的"工艺原则流程图"上的物料、能量平衡数据为准。不能平衡的地方由甲、乙双方技术人员协商处理。

三、主要仪表及工艺指标

仪表位号	测量点位置	正常值	单位	备注
TR8102	CO_2 原料气温度	40	℃	
TI8103	CO_2 压缩机一段出口温度	190	℃	
PR8108	CO_2 压缩机一段出口压力	0.28	MPa(G)	
TI8104	CO_2 压缩机一段冷却器出口温度	43	℃	
AR8101	CO_2 含氧量	0.3	％	
TE8105	CO_2 压缩机二段出口温度	225	℃	
PR8110	CO_2 压缩机二段出口压力	1.8	MPa(G)	
TI8106	CO_2 压缩机二段冷却器出口温度	43	℃	
TI8107	CO_2 压缩机三段出口温度	214	℃	
PR8114	CO_2 压缩机三段出口压力	8.02	MPa(G)	
TIC8111	CO_2 压缩机三段冷却器出口温度	52	℃	
TI8119	CO_2 压缩机四段出口温度	120	℃	
PIC9203	CO_2 压缩机四段出口压力	15.5	MPa(G)	
PIC8224	出透平中压蒸汽压力	2.5	MPa(G)	
PI8230	表冷器真空度	< -80	kPa	
TI8213	出透平中压蒸汽温度	350	℃	
TI8338	CO_2 压缩机油冷器出口温度	43	℃	

续表

仪表位号	测量点位置	正常值	单位	备注
PI8357	CO_2 压缩机油滤器出口压力	0.25	MPa(G)	
PRC9207	甲铵分离器压力	14.4	MPa(G)	
TR9206	甲铵分离器液相出口温度	141	℃	
FR9201	进反应器 CO_2 流量	27000	m³/h	
TR9202	反应器底部温度	181	℃	
TR9203	反应器上部温度	191	℃	
TR9204	甲铵循环喷射器出口温度	121	℃	
PIC9206	甲铵循环喷射器氨入口压力	22	MPa(G)	
TI9207	气提塔顶温度	192	℃	
PIC9210	气提塔夹套蒸汽压力	2.17	MPa(G)	
PIC9312	L 113 出口低压蒸汽压力	0.35	MPa(G)	
TRC9301	中压分解塔用罐 L 102 温度	158	℃	
TR9303	中压分解塔分离器 V 102 温度	140	℃	
PI9301	中压分解塔压力	1.67	MPa(G)	
TIC9315	中压冷凝器 E 106 出口温度	80	℃	
PRC9305	中压吸收塔压力	1.57	MPa(G)	
FRC9303	中压惰洗塔洗涤液流量	3.1	t/h	
TRC9401	低压分解塔用罐 L 103 温度	138	℃	
TR9403	低压分解塔分离器 V 103 温度	125	℃	
PR9402	低压分解塔压力	0.3	MPa(G)	
PI9408	真空预浓缩分离器 V 104 压力	34	kPa(A)	
PIC9403	低压吸收塔压力	0.3	MPa(G)	
FRC9401	低压惰洗塔洗涤液流量	0.5	t/h	
PRC9502	一段真空浓缩器压力	34	kPa(A)	
TIC9502	一段真空浓缩器温度	140	℃	
FRC9701	解吸塔碳铵液补加量	4.9	t/h	
FRC9703	解吸塔真空冷凝液补加量	40	t/h	
TI9704	解吸塔下部温度	151	℃	
TI9707	水解器温度	235	℃	
TIC9803	V 110 温度	120	℃	
PRC9804	V 110 压力	0.12	MPa(G)	
PRC9803a/b	低压蒸汽压力	0.35	MPa(G)	
TIC9810	低压蒸汽温度	145	℃	
PIC9808	低压水压力	1.0	MPa(G)	
PIC9815	中压水压力	2.4	MPa(G)	

单元二 装置正常开工过程

第一节 压机岗位冷态开车过程

1. 准备工作：引循环水

① 压缩机岗位 E119 开循环水阀 OMP1001，引入循环水

压缩机岗位 E120 开循环水阀 OMP1002，引入循环水

压缩机岗位 E121 开循环水阀 TIC8111，引入循环水

② 压缩机岗位 E122 开循环水阀 OMP1020，引入循环水

③ 浓缩岗位 E151 开循环水阀 OMP2166、OMP2167，引入循环水

浓缩岗位 E152 开循环水阀 OMP2168，引入循环水

④ 中压循环岗位 E109 开循环水阀 OMP2132，引入循环水

打开 E109 循环水控制阀 HIC9302

中压循环岗位 E111 开循环水阀 OMP2133，引入循环水

⑤ 低压循环岗位 E108 开循环水阀 TMPV253，引入循环水

低压循环岗位 E112 开循环水阀 OMP2152，引入循环水

⑥ 解析岗位 E130 开循环水阀 OMP2192，引入循环水

⑦ 工艺水处理岗位 E110 开循环水阀 OMP2096，引入循环水

工艺水处理岗位 E131 开循环水阀 OMP2095，引入循环水

2. CO_2 压缩机油系统开车

① 启动油箱加热器 OMP1045，将油温升到 40℃左右

② 打开泵的前切断阀 OMP1026

③ 开启油泵 OIL PUMP

④ 打开泵的后切断阀 OMP1048

⑤ 打开油箱 V-122 加油阀 OMP1029

⑥ 开启盘车泵的前切断阀 OMP1031

⑦ 开启盘车泵

⑧ 开启盘车泵的后切断阀 OMP1032

⑨ 盘车

3. 蒸汽系统开车

打开脱盐水充液阀 OMP1019，E-122 充液

E-122 液位 LIC8207 到 50％后，关闭脱盐水充液阀 OMP1019

打开 P118A 泵前切断阀 OMP1022

打开 P118B 泵前切断阀 OMP1024

启动 P118A 泵

启动 P118B 泵

打开 P118A 泵后切断阀 OMP1023

打开 P118B 泵后切断阀 OMP1025

打开蒸汽冷凝液出料截止阀 OMP1021

打开入界区蒸汽副线阀 OMP1006，准备引蒸汽

管道内蒸汽压力上升到 5.0MPa 后，开入界区蒸汽阀 OMP1005

关副线阀 OMP1006

打开控制阀 PIC8203

打开蒸汽透平主蒸汽管线上的切断阀 OMP1007

4. CO_2 气路系统开车准备

全开段间放空阀 HIC8101

全开防喘振阀 HIC8162

打开 CO_2 放空截止阀 TMPV274

打开 CO_2 放空调节阀 PIC9203

5. 透平真空冷凝系统开车

打开辅抽的蒸汽切断阀 OMP1013

打开辅抽的惰气切断阀 OMP1016

E-122 的真空达—60kPa 后，打开二抽的蒸汽切断阀 OMP1014

打开二抽的惰气切断阀 TMPV182

打开一抽的蒸汽切断阀 OMP1012

打开一抽的惰气切断阀 OMP1015

E-122 的真空达—80kPa 后，停辅抽关阀 OMP1016

E-122 的真空达—80kPa 后，停辅抽关阀 OMP1013

6. 压缩机升速升压

打开 CO_2 进料总阀 OMP1004

关闭盘车泵的后切断阀 OMP1032

停盘车泵

关闭盘车泵的前切断阀 OMP1031

停盘车

逐渐打开阀 HIC8205，将手轮转速 SI8335 提高到 3000r/min

打开截止阀 OMP1009

逐渐打开 PIC8224 到 50%

将 PIC8203 投自动，并将 SP 设定在 2.5MPa

逐渐打开阀 HIC8205，将手轮转速 SI8335 提高到 5500r/min

将段间放空阀 HIC8101 关小到 50%

继续逐渐打开阀 HIC8205，将手轮转速 SI8335 提高到 6052r/min

将段间放空阀 HIC8101 关小到 25%

将四回一阀 HIC8162 关小到 75%

打开低压蒸汽入透平岗位截止阀 OMP1017

逐渐打开低压蒸汽流量调节阀 FRC8203

调节低压蒸汽流量调节阀 FRC8203 使流量稳定在 12t/h

调整 HIC8205，将手轮转速 SI8335 稳定在 6935r/min

后续根据工艺负荷要求逐渐关小段间放空阀和四回一阀（提示不用操作）

第二节　现场岗位冷态开车过程

1. 各工艺设备预充液

打开界区脱盐水入口总阀 OMP2089 向 V-110 充液至 80％

将 LIC9801 投自动，并将 SP 设定在 80％

打开 LV9801B 后截止阀 TMPV280

打开 T101 充液阀 OMP2175，向 T101 充液

T101 液位 LI9551 达到 10％后关闭充液阀 OMP2175

打开 T102 充液阀 TMPV246，向 T102 充液

T102 液位 LI9502 达到 50％后关闭充液阀 TMPV246

打开 V106 充液阀 OMP2178，向 V106 充液

V106 液位 LI9403 达到 50％后关闭充液阀 OMP2178

打开 L102 充液阀 TMPV275，向 L102 充液

L102 液位 LIC9301 达到 50％后关闭充液阀 TMPV275

打开 L103 充液阀 TMPV277，向 L103 充液

L103 液位 LIC9401 达到 50％后关闭充液阀 TMPV277

打开 L104 充液阀 TMPV278，向 L104 充液

L104 液位 LRC9402 达到 50％后关闭充液阀 TMPV278

2. 建立中、低压冲水及 P110 循环（提示不用操作）

打开泵 P110A 前阀 OMP2075

打开泵 P110B 前阀 OMP2077

启动 P110A 泵

启动 P110B 泵

打开泵 P110A 后阀 OMP2076

打开泵 P110B 后阀 OMP2078

打开低压充水阀 PIC9808，将压力提升至 1.0

将 PIC9808 投自动，并将 SP 设定在 1.0

打开中压充水阀 PIC9815，将压力提升至 2.4

将 PIC9815 投自动，并将 SP 设定在 2.4

打开 P110 至 E110 截止阀 OMP2099

打开泵 P111 前阀 OMP2080

打开泵 P111 后阀 OMP2094

稍开 PIC9807

启动 P111 泵，向 V110 打循环

打开泵 P113A 前阀 OMP2120

打开泵 P113B 前阀 OMP2125

启动 P113A 泵

启动 P113B 泵

打开泵 P113A 后阀 OMP2121

打开泵 P113B 后阀 OMP2117

打开 E105 入口截止阀 TMPV284，向 E105 充液至 30％

打开 E105 出口调节阀后阀 OMP2124

将 LIC9205 投自动，并将 SP 设定在 30％

打开 V109 入口截止阀 TMPV285，向 V109 充液至 50％

将 LIC9203 投自动，并将 SP 设定在 50％

打开 V109 出口阀 OMP2139

打开 E102B 出口至 E105 之截止阀 TMPV282

3. 蒸汽系统的建立

打开控制阀 PRC9803a

打开控制阀 PRC9803b

打开 TIC9810 的切断阀 TMPV294

打开 TIC9810

TIC9810 达到 145℃左右，将 TIC9810 投自动，并将 SP 设定在 145

压力达到 0.35MPa 左右，将 PRC9803A 投自动，并将 SP 设定在 0.35

压力达到 0.35MPa 左右，将 PRC9803B 投自动，并将 SP 设定在 0.35

打开各夹套蒸汽切断阀 TMPV290

4. 中压系统引 NH₃

打开氨入界区截止阀 OMP2136

缓慢打开 LIC9305，向 V105 引 NH₃ 至 70％

缓慢打开 E109 至 V105 的液相切断阀 TMPV251

缓慢打开 V102 至 E113 气相切断阀 TMPV276

打开 E106 至 C101 气相切断阀 OMP2130

打开泵 P105A 进口切断阀 OMP2142，引 NH₃ 进泵体

打开泵 P105B 进口切断阀 OMP2144，引 NH₃ 进泵体

打开泵 P105A 出口切断阀 OMP2143

打开泵 P105B 出口切断阀 OMP2145

打开泵 P105 回 V105 副线阀 OMP2140

打开泵 P101A 进口切断阀 OMP2101，引 NH₃ 进泵体

打开泵 P101B 进口切断阀 OMP2104，引 NH₃ 进泵体

打开泵 P101C 进口切断阀 OMP2107，引 NH₃ 进泵体

打开泵 P101A 回 V105 副线阀 OMP2103

打开泵 P101B 回 V105 副线阀 OMP2106

打开泵 P101C 回 V105 副线阀 OMP2109

打开泵 P107A 进口切断阀 OMP2146，引 NH₃ 进泵体

打开泵 P107B 进口切断阀 OMP2148，引 NH₃ 进泵体

打开泵 P107A 出口切断阀 OMP2147

打开泵 P107B 出口切断阀 OMP2149

启动 P105A 泵

启动 P105B 泵

打开泵 P105 副线上的夹套蒸汽阀 TMPV289，将罐 V-105 压力提至 1.5MPa

V105 压力达到 1.5MPa 后关 P105 副线上的夹套蒸汽阀 TMPV289

将 PRC9305 投自动，并将 SP 设定在 1.55MPa

5. 低压系统 NH₃ 化

打开泵 P103 至 E107 的切断阀 OMP2155

打开 LIC9302

打开泵 P103A 前阀 OMP2157

打开泵 P103B 前阀 OMP2159

启动 P103A 泵

启动 P103B 泵

打开泵 P103A 后阀 OMP2158

打开泵 P103B 后阀 OMP2160

打开 HIC9301 建立循环

建立循环：P103-E113-E106-C101-V106-P103（提示不用操作）

建立循环：P103-E107-E108-V106-P103（提示不用操作）

密切监视 C-101，LIC9302 的液位，可稍开 HIC9301（提示不用操作）

6. 高压系统升温

稍开 V110 的加热蒸汽阀 TMPV295，将 V110 预热至 120℃

将 PRC9804 投自动，并将 SP 设定在 0.12

打开 TIC9803

将 TIC9803 投自动，并将 SP 设定在 120℃

打开 TMPV283 预热 V109

打开阀 PIC9210 预热 V109，并将压力控制在 0.15～0.20MPa

7. 高压系统 NH₃ 升压

打开高压系统导淋阀 TMPV235，排积液

打开高压系统导淋阀 TMPV239，排积液

关闭导淋阀 TMPV235

关闭导淋阀 TMPV239

将 V105 液位控制 LIC9305 投自动，设定在 50%

打开 NH₃ 开车管线上的切断阀 OMP2116

启动 P101 润滑油泵

启动 P101 油封泵

启动 P101 油温控制

打开泵 P101A 出口切断阀 OMP2102

打开泵 P101B 出口切断阀 OMP2105

打开泵 P101C 出口切断阀 OMP2108

启动 P101A 泵

启动 P101B 泵

启动 P101C 泵

调节 P101A 转速 SIK9101

调节 P101B 转速 SIK9102

调节 P101C 转速 SIK9103

关闭泵 P-105 副线切断阀 OMP2140

关闭泵 P101A 回 V105 副线阀 OMP2103

关闭泵 P101B 回 V105 副线阀 OMP2106

关闭泵 P101C 回 V105 副线阀 OMP2109

调节 V109 蒸汽压力等工艺参数，将 TI9207 控制在 166℃左右

PIC9210、PRC9207 升至 9.0MPa 时，打开泵 P101A 回 V105 副线阀 OMP2103

PIC9210、PRC9207 升至 9.0MPa 时，打开泵 P101B 回 V105 副线阀 OMP2106

PIC9210、PRC9207 升至 9.0MPa 时，打开泵 P101C 回 V105 副线阀 OMP2109

关闭 NH_3 开车管线切断阀 OMP2116

8. 浓缩水运以及解吸预热

打开 PRC9502

打开充液阀 OMP2175，向 T101 充液

打开泵 P109A 前阀 OMP2188

打开泵 P109B 前阀 OMP2190

启动 P109A 泵

启动 P109B 泵

打开泵 P109A 后阀 OMP2189

打开泵 P109B 后阀 OMP2191

打开泵 P108A 前阀 OMP2184

打开泵 P108B 前阀 OMP2186

LRC9501 有液位后启动 P108A 泵

LRC9501 有液位后启动 P108B 泵

打开泵 P108A 后阀 OMP2185

打开泵 P108B 后阀 OMP2187

将 P106 出口三通切向 T101

打开 C-102 顶部放空阀 OMP2195

打开 FRC9703，向 C102 充液

打开充液阀 TMPV246，向 T102 充液

打开泵 P114A 前阀 OMP2180

打开泵 P114B 前阀 OMP2182

启动 P114A 泵

启动 P114B 泵

打开泵 P114A 后阀 OMP2181

打开泵 P114B 后阀 OMP2183

打开泵 P115A 前阀 OMP2081

打开泵 P115B 前阀 OMP2083

LIC9701 有液位后启动 P115A 泵

LIC9701 有液位后启动 P115B 泵

打开泵 P115A 后阀 OMP2082

打开泵 P115B 后阀 OMP2084

打 LIC9701，向 R102 充液

当 LIC9705 至 50％后，停 P115A 泵

当 LIC9705 至 50％后，停 P115B 泵

当 LIC9701 至 50％后，停 P114A 泵

当 LIC9701 至 50％后，停 P114B 泵

关闭充液阀 TMPV246

当真空浓缩器液位达到 50％，打开 OMP2176

打开真空浓缩液位控制调节阀 LRC9501

将真空浓缩器液位控制 LRC9501 投自动，设定在 50％

打开 LS 至 L113 的切断阀 OMP2131

将 PIC9312 的阀位开到 50％

打开 C102 加热蒸汽副线阀 TMPV201，预热 C102 到 100℃以上

打开 R102 加热蒸汽副线阀 TMPV202，预热 R102 到 150℃以上

关闭 C-102 顶部放空阀 OMP2195

打开 TMPV281，将蒸汽冷凝至碳铵液槽

将水解器压力控制 PRC9701 投自动，设定在 0.6MPa

控制 PRC9701 在 0.5～0.8MPa

9. 投料

将 PIC9807 投自动，并将 SP 设定在 12

调整 CO₂ 压缩机出口压力，将 PIC9203 投自动，并将 SP 设定在 15.5

打开 PRC9207 的切断阀 TMPV287

打开 PRC9207 的切断阀 TMPV288

打开 NH_3 进合成截止阀 TMPV279

开 NH_3 进料电动阀 HS9206

打开 PIC9206 到 50%

关闭泵 P101A 回 V105 副线阀 OMP2103

关闭泵 P101B 回 V105 副线阀 OMP2106

关闭泵 P101C 回 V105 副线阀 OMP2109

打开 CO_2 进合成截止阀 OMP2123

缓慢打开 HIC9201 将 CO_2 引入反应器

略开 HIC9203（注释不用操作）

在后续调整过程中根据工况不断加大反应负荷，并注意对 CO_2 压缩机段间放空阀和四回一阀进行调整

10. 投料后调整

将 LIC9205SP 设定在 60，控制稳定

将 PIC9210SP 设定在 1.8，控制稳定

打开 E102b 蒸汽控制阀前截止阀 OMP2138

将 LIC9203 投自动，并将 SP 设定在 60%

打开 L113 中压蒸汽截止阀 OMP2137

将 PIC9312 投自动，SP 设定在 0.44，控制稳定

打开调节阀 TRC9301 将 E102 出料温度提至 100℃以上

打开 E103 蒸汽疏水控制阀前截止阀 OMP2150

打开调节阀 TRC9401 将 E103 出料温度提至 100℃以上

打开 E114 蒸汽疏水控制阀前截止阀 OMP2165

打开调节阀 TIC9502 将 E114 出口温度提至 90～100℃以上

打开 C101 至 P102 切断阀 TMPV231

启动 P102 润滑油泵

启动 P102 油温控制

打开泵 P102A 进口切断阀 OMP2110

打开泵 P102B 进口切断阀 OMP2112

打开泵 P102C 进口切断阀 OMP2114

打开泵 P102A 出口切断阀 OMP2111

打开泵 P102B 出口切断阀 OMP2113

打开泵 P102C 出口切断阀 OMP2115

启动 P102A 泵并调整转速

启动 P102B 泵并调整转速

启动 P102C 泵并调整转速

打开碳铵液进高压圈切断阀 TMPV286

打开碳铵液控制阀 HIC9204

关闭 HIC9301

开 HIC9202

将 C101 液位控制 LIC9302 投自动，设定在 50％

缓慢开 HIC9201 到 30％

当碳铵槽液位低时注意补水（注释不用操作）

11. 出料后调节

待反应温度稳定，继续开大 HIC9201 到 50％

慢慢开大 HIC9203 到 50％

将 PRC9207 SP 设定在 14.5MPa

当 E101 液位 LRC9202 达到 50％以后，打开 HS9205

打开 LRC9202，向 V102 出料

将 LRC9202 投自动 SP 设定在 50％

将 TRC9301 投自动 SP 设定在 159℃

将 TIC9315 投自动 SP 设定在 70℃

打开 FRC9303，向 C103 补加吸收液

当 E111 液位达到 20％后启动 P107A

当 E111 液位达到 20％后启动 P107B

打开 LIC9303

当 E111 液位达到 50％后将 LIC9303 投自动，SP 设定在 50％

将 LIC9301 投自动，SP 设定在 50％

将 TRC9401 投自动 SP 设定在 139℃

当 L103 有液位后，打开 LIC9401，向 V104 出料

当 L103 液位到 50％后，LIC9401 投自动，设定 50％

打开浓缩 EJ151 蒸汽阀 OMP2170

将 PRC9502 投自动，SP 设定在 −58kPa

打开 FRC9401，向 C104 补加吸收液

当 V106 液位达到 50％后，打开 OMP2153，向解析塔出料

打开 V106 出料调节阀 FRC9701

关闭解析塔蒸汽副线，打开蒸汽调节阀 FRC9702，控制塔釜温度 151℃以上

当解析塔上部液位 LIC9701 上涨后，启动 P115A 向水解器出料

当解析塔上部液位 LIC9701 上涨后，启动 P115B 向水解器出料

关闭水解蒸汽副线，打开蒸汽调节阀 FRC9704，控制温度 236℃以上

将 PRC9701SP 值设定在 2.5MPa

将 LIC9701 投自动，SP 设定在 50％

将 LIC9705 投自动，SP 设定在 50％

打开 P117A 前阀 OMP2085

打开 P117B 前阀 OMP2087

当 C102 液位达到 20％后启动 P117A

当 C102 液位达到 20％后启动 P117B

打开 P117A 泵后阀 OMP2086

打开 P117B 泵后阀 OMP2088

打开 OMP2193，把工艺水送出界区作锅炉补水用

打开 LIC9702

将 LIC9702 投自动，SP 设定在 50％

打开 P106A 前阀 OMP2161

打开 P106B 前阀 OMP2163

当 L104 液位达到 20％后启动 P106A

当 L104 液位达到 20％后启动 P106B

打开 P106A 泵后阀 OMP2162

打开 P106B 泵前阀 OMP2164

打开 LRC9402

当 L104 液位达到 50％后将 LRC9402 投自动，SP 设定在 50％

将出料三通阀切向 E114

将 TIC9502 投自动，SP 设定在 133℃

当真空浓缩器液位达到 50％，温度达到要求后，启动 P108 将尿液送往造粒

单元三 装置正常停工过程

第一节 压机装置正常停工过程

CO_2 压缩机停车

调节 HIC8205 将转速降至 6500r/min

调节 HIC8162、HIC8101 将负荷减至 21000m³/h

调节 HIC8162、HIC8101，逐渐减少抽汽与注汽量

手动打开 PIC9203，将 CO_2 导出系统

用 PIC9203 缓慢降低四段出口压力到 8.0～10.0MPa

调节 HIC8205 将转速降至 6403r/min

打开 PIC8203 到 50％

继续调节 HIC8205 将转速降至 6052r/min

调节 HIC8162，HIC8101，将四段出口压力降至 4.0MPa

关闭透平低压蒸气控制阀 FRC8203

继续调节 HIC8205 将转速降至 3000r/min

关闭 HIC8205

关闭透平蒸汽切断阀 OMP1007

关闭二抽蒸汽切断阀 OMP1014

关闭二抽惰气切断阀 TMPV182

关闭一抽蒸汽切断阀 OMP1012

关闭一抽惰气切断阀 OMP1015

打开辅抽的惰气切断阀 OMP1016，使 E-122 真空度逐渐降为 "0"

关闭 CO_2 进界区大阀 OMP1004

停冷凝液泵 P118A

关闭油冷却器冷却水阀门 TMPV181

第二节　现场岗位正常停工过程

1. CO_2 退出系统

关闭 CO_2 进合成塔控制阀 HIC9201

关闭 CO_2 进合成塔切断阀 OMP2123

2. 氨液退出

停高压碳铵液泵 P102A

停高压碳铵液泵 P102B

关闭碳铵液入高压圈控制阀 HIC9204

打开碳铵液去 V106 控制阀 HIC9301

关闭碳铵液入合成塔控制阀 HIC9202

停高压氨泵 P101A

停高压氨泵 P101B

关闭氨切断阀 TMPV279

关闭氨入合成塔快速切断阀 HS9206

关闭 L101 压力调节 PIC9206

关闭 LIC9305

关闭 LIC9305 前切断阀 OMP2136

打开 P-105 小副线切断阀 OMP2140，向 V-105 打循环

关闭 PIC9207A/B 切断阀 TMPV287

关闭 PIC9207A/B 切断阀 TMPV288

手动全开 LRC9202

当 LRC9202 液位降至 0 时，关闭 LRC9202

关闭 E101 出料快速切断阀 HS9205

降 PIC9210 至 1.5MPa

打开 TMPV235 排残液

打开 TMPV239 排残液

打开 TMPV287 反应器泄压

手动全开 PRC9207

关闭 TMPV235

关闭 TMPV239

3. 停蒸发循环

关闭 EJ151 蒸汽切断阀 OMP2170

打开 PRC9502 破真空

手动关小 TIC9502 降温

将 L104 出料切换 T101

当真空浓缩器液位 LRC9501 空后停泵 P108a

4. P-103 打循环

打开 P103 循环切断阀 OMP2156

打开 P103 循环切断阀 OMP2126

5. 排放系统

全开 V109 液位控制 LIC9203

全开 V105 液位控制 LIC9205

L102 温度控制在 158℃

L103 温度控制在 138℃

手动打开 LIC9303

控制 LRC9402 为 50%

手动打开 LIC9301

手动打开 LIC9401

当 LIC9301 液位降至 0 时，关闭 LIC9301

当 LIC9301 降为 0 时，主控关 FRC9302

主控关 FRC9303

当 LIC9303 降为 0 时，主控关 LIC9303

停泵 P107A

当 LIC9401 液位降至 0 时，关闭 LIC9401

手动打开 LRC9402

当 LRC9402 液位降至 0 时，关闭 LRC9402

当 LRC9402 降为 0 时，停 P-106A

6. 停 P105

关闭 P-105 小副线切断阀 OMP2140

打开 P-105 至界区外的切断阀 OMP2134

当 V-105 的液位拉完后，停 P-105A

7. 解吸停车

当高压排放完毕，停 P-103A

打开开 C-102 放空阀 OMP2195

关解吸并低压切断阀 TMPV281

手动关闭 LIC9701

手动关闭 FRC9702

手动关闭 FRC9704

手动关闭 FRC9703

停 P-114A

停 P-115A

当 LIC-9702 液位降为 0 时，停 P-117A

手动打开 PRC9701

稍开 FRC9702 的副线阀 TMPV201

稍开 FRC9704 的副线阀 TMPV202

手动关闭 FRC9401

8. 停蒸汽系统

关闭 V-109 至 L-113 的切断阀 OMP2137

手动关闭 PIC9312

手动关闭 PIC8203

手动全开 PRC9218

9. 停脱盐水

停 P-111

停 P-113A

手动关闭 LIC9801

关闭 LIC9801 前截止阀 OMP2089

手动打开 PRC9804

手动关闭 PRC9803b

手动关闭 TIC9810

手动关闭 PIC9808

手动关闭 PIC9815

手动关闭 PIC9807

停 P-110A

单元四　事故列表

现场部分工艺特定事故

1. 高压系统联锁动作

（1）原因　PSXH9205≥16.47MPa

（2）现象

PI9204＞16.47MPa

HV9202、HV9205、HV9206 自动关闭

P101A/B/C 跳车

（3）处理

PV9203 打开，CO_2 退出放空，同时手动关闭 HV9201

停 P102A/B/C，关 HV204

关 PV207A/B、LV9202，高压系统封闭保温保压

通过 PV9218、PV803A/B 维持蒸汽系统运行

蒸发循环，开 PV3502，关 TV502

中、低压保温、保压、循环（P103A/B 运行）

低压解吸隔离，解吸放空

分析 PSXH9205 高联锁原因。

2. 高压 NH_3 泵 P101A/B/C 联锁动作（跳车）

（1）原因　P101A/B/C 故障

（2）现象

运行泵指示灯变为红色并报警

FR101/102/103 无流量指示，HV9202 自动关闭

PIC206、TR205 降低，TR204 上升，TI408 升高

（3）处理

开 PV9203，同时关 HV9201，CO_2 退出放空

压机降负荷保压运行

其他按紧急停车处理

3. 断冷却水

（1）原因　循环水管网故障

（2）现象

PRA9001、FR9001 迅速下降，FR9003 下降且 PR9001 低报

K101 跳车

PRC305、TIC315、TR310、TI311、TI318、PIC403、TI406、PRC502 上升较快

（3）处理　立即停车

4. P102 跳车

（1）原因　P102A/B/C 故障

（2）现象

FR104/105/106 无流量指示，并发出跳车报警

FRC207 压力上升较快

LIC302 上升较快

LR201 下降，LV202 自控时关小

（3）处理

打开 HV301 与 LV302 配合，控制 LIC302 正常

启动 P111，在 HV204 阀后加 KW

相应（关小）HV203、LV202

适当降负荷

长时间 P102 不能恢复，停车处理

5. 高压系统超压

(1) 原因

NH_3/CO_2、H_2O/CO_2 失调

PV207A 阀卡或阀后管线堵

HV202 阀卡或 V101 下液管堵，造成 LR201 满液（V101）

LIC205 液位过低

(2) 现象

PRC207 压力超标且 PV207A 自动开大

PRC305 上升

(3) 处理

调节 SI101/102/103/，SH104/105/106

用 KW 处理 PV207A 阀及阀后管线，开 PV207B 阀维持压力

KW 处理 HV202 及 V101 下液管线

调节 LIC302，防止窜液或 CO_2 上窜，进入 E109、V105

关小 LIC205B 阀

6. V101 满液

(1) 原因

HV202 阀卡或 V101 下液管堵

HV203 开度小，PZ206 开度过大或过小

FR104/105/106 量大

(2) 现象

PRC207 上升

LR201 指示 100%

TRC301 下降

(3) 处理

联系处理 HV202 阀及下液管

开大 HV203，与负荷相对应，关小 PZ206 开度

稍降 SI104/105/106

开 PV207B 维持高压压力

7. V109 液位低联锁

(1) 原因　LIC203 液位低于 20%

(2) 现象

PV210，HV303 自动关闭

TI210 下降，PIC210 下降

PRC218 升高自控开大，PSV807 跳，PIC312 下降，PZ312 自动开大

TIC301 下降，PRC305 升高，TIC401 下降，PIC403 升高

TRC502，PRC502 下降，蒸发循环

（3）处理

通过 PV218、PV803A/B 稳定 MS、LS 管网压力

全开 LV203A 切断阀及副线向 V109 补液

监视 P110A/B 电流防止断电，必要时开两台

待 LIC203 高于 20％，联锁消除后，缓开 PV210 及 HV303 阀

8. P103A/B 跳车，备用泵不备用

（1）原因　P103A/B 故障

（2）现象

P103A/B 跳车报警

LI403 上升较快，FIC701 无流量

PRC305 上升

LIC302 波动

PIC403 上升

（3）处理

降低 SI104/105/106

开大 FV303，LV303

开大 FV302，增加回流 NH_3 量

P103A/B 出口加 HW，维持 LIC302 正常，必要时开塔盘冲洗水

解吸与低压隔离，解吸放空

V106 液位 LI403 高时，通过 CD 排放至 T104

9. 低压系统超压

（1）原因

前系统 NH_3/CO_2、H_2O/CO_2 失调

TIC301 过低，LIC301 过低，中压向低压窜气

TI701 低，气相含水少

HV301 阀漏或 HV301 未开向 V106 排放

解吸超压，与低压系统未隔离

E108 结晶堵塞，PR402 上升

PV403 阀故障

FV401 开度小，C104 吸收效果不好

（2）现象

PIC403 超高，自控时 PV403 开大

PR402、PIC403 压差减小且同时上升

PI408 上升

（3）处理

调节 SI101/102/103，SI104/105/106

开大 TV301，关小 LV301

联系处理 PV403 阀，开副线阀，E108 结晶，关冷却水出口阀，加 HW 冲洗水（E108）

解吸与低压隔离，解吸放空

开大 FV401，增大吸收效果

10. 蒸发系统真空度提不起来

（1）原因

PIC403 高，使游离 NH_3 含量高

冷却水温度高，流量低，TI9001 高，FR9001 低

PV502 阀故障

LI502 过低

蒸发负荷大，尿液浓度稀

V114 喉管堵

EJI51 低压蒸汽滤网堵

E151/E152 下液管堵

（2）现象　PRC502 指示低于正常指标

（3）处理

蒸发被迫循环，打开 HV601，关闭 PV618

稳定前系统，使 PIC403 在正常范围，用手轮卡死 PV502 阀

联系调度降低 TI9001，提高 PR9001

关小 FV703 或打开 LW，提高 LI502 液位

稍降蒸发负荷，关小 LV402，提高尿液浓度

现场冲洗 V114 喉管，处理 E151/152 下液管

清理滤网或更换

第二章

硝酸铵生产工艺

硝酸铵档案

中文名：硝酸铵　　　　　　　　　　**别名**：硝铵

英文名：Ammonium nitrate　　　　 **化学式**：NH_4NO_3

摩尔质量：80.04336　　　　　　　　**外观**：白色固体

密度：1.72g/cm³　　　　　　　　　　**熔点**：169.6℃

沸点：约210℃　　　　　　　　　　　**溶解度（水）**：190g/100mL（20℃）

闪点：210℃　　　　　　　　　　　　**用途**：用作氮肥、炸药及工业原料

项目一　概述

学习目标

1. 知识目标：了解硝酸铵的发展史；
2. 能力目标：学会硝酸铵的危害与安全性；
3. 情感目标：认知硝酸铵档案，了解其生产工艺，培养工程观念及与人合作的岗位工作能力。

项目任务

1. 硝酸铵发展史；
2. 硝酸铵的危害与安全性。

项目描述

该项目阐述了硝酸铵发展史；重点强调了硝酸铵的危害与安全性。

项目分析

硝酸铵的危害与安全性是学习重点。

知识平台

1. 常规教室；
2. 实训工厂。

项目实施

硝酸铵（NH_4NO_3）是由稀硝酸和氨气反应生成的盐，纯品为无色无臭的透明结晶或呈白色的小颗粒，如图 2-1 和 2-2 所示，属于硝、铵态高效氮肥，含铵态氮和硝态氮各一半，其含氮量一般在 32%～35% 之间。硝酸铵主要施用于气温较低地区的旱田作物上，它比硫酸铵等铵态氮肥的肥效快、肥效好，在欧洲和北美等地被广泛使用，中国北方也常使用。硝态氮（NO_3^-）和铵态氮（NH_4^+）是植物吸收氮素营养的两种主要形态，硝态氮和铵态氮的农用性质各有不同。它们之间既相互联系，又各有特点，基本上是等效的。在土壤中，铵态氮主要被土壤胶体吸附，也存在于土壤溶液中，氨挥发是其主要损失途径；而硝态氮主要存在于土壤溶液中，淋溶和反硝化是其主要损失途径。

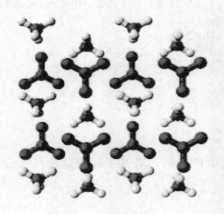

图 2-1　硝酸铵球棍模型

图 2-2　硝酸铵颗粒

纯硝酸铵（NH_4NO_3）在常温下是稳定的，对震动、打击、碰撞或摩擦均不敏感，也没有自燃的性质，但在高温、高压和有可被氧化的物质存在下会发生爆炸。硝酸铵与燃料油结合在一起，可制成炸药，应用于军事和采矿等方面。因此在生产、贮运和使用中必须严格遵守安全规定。2002 年我国已经限制生产硝酸铵。

任务一　了解硝酸铵发展史

1659 年，德国人 J. R. 格劳贝尔首次制得硝酸铵。19 世纪末期，欧洲人用硫酸铵与智利硝石进行复分解反应生产硝酸铵。后来由于合成氨工业的大规模发展，硝酸铵生产获得了丰富的原料，于 20 世纪中期得到迅猛发展。第二次世界大战期间，一些国家专门建立了硝酸铵厂，用以制造炸药。中国的硝铵生产始于 1935 年的大连化工厂，当时的产能仅 1500t/a。中国在 50 年代建立了一批硝酸铵工厂。20 世纪 60 年代，硝铵一度成为氮肥的领先品种。

20 世纪 40 年代，为防止农用硝酸铵吸湿和结块，用石蜡等有机物进行涂敷处理，曾在船运中发生过由火种引爆的爆炸事件。因此，一些国家制定了有关农用硝酸铵生产、贮运的管理条例，有些国家甚至禁止硝酸铵的运输和直接作肥料使用，只允许使用它与碳酸钙混合制成的硝酸铵钙。开始时，硝酸铵钙含氮 0.5%，相当于含硝酸铵约 60%，现在含量增加到含氮 6%，相当于含硝酸铵 75%。后来由于掌握了硝酸铵的使用规律，一些国家如法国、前苏联、罗马尼亚、美国和英国，允许将硝酸铵直接用作肥料，但对产品的安全使用制定了标准。例如：美国肥料协会规定固体农用硝酸铵的 pH 值不得低于 4.0（10% 硝酸铵水溶液的 pH 值）；含 C 不得超过 0.2%；含 S 不得超过 0.01%；含 Cl^- 不超过 0.15% 等。

到 2002 年，全国共有 54 家硝铵生产企业，用于农业和复合肥生产的硝铵约 170 万吨。由于硝铵的可爆性和当年的一起恶性爆炸案件，2002 年 9 月，国务院下发国办发［2002］52 号文件《关于进一步加强民用爆炸物品安全管理的通知》，禁止把硝铵当作化肥单独销售。但是作为民爆品，硝铵产品还有着一定的空间。2009 年，硝酸盐生产企业为 23 家，产能 80 多万吨；硝铵生产企业下降为 30 多家，产能 470 万吨。2002 年农用硝酸铵被列入"民用爆炸品"管理以后，由于多种原因当时的硝酸铵改性工作没能够及时跟上。在这样的情况下，国外含硝态氮肥料占领国内市场，各种进口三元复合肥一般也含有硝态氮且使用效果好，其售价明显高于国产复合肥。2002 年的数据，挪威海德鲁生产的船牌复合肥，硝态氮占总含氮量的 42.31%；德国巴斯夫生产的狮马牌复合肥，硝态氮量占总含氮量的 44.26%。

近年来，在生存压力和市场需求的双重作用下，国内硝铵生产企业在硝铵的改性方面做了大量工作，硝酸铵钙、硝酸铵磷等硝基复合肥料发展迅速，根据中国农业需要和目前肥料的品种格局，硝酸、硝基复合肥产业在中国农业发展中的重要作用再次引起人们的关注，硝基肥料发展前景广阔。

任务二　认知硝酸铵的危害与安全性

1. 健康危害与急救措施

硝酸铵对呼吸道、眼及皮肤有刺激性。接触后可引起恶心、呕吐、头痛、虚弱、无力和虚脱等。大量接触可引起高铁血红蛋白血症，影响血液的携氧能力，出现紫绀、头痛、头晕、虚脱，甚至死亡。口服引起剧烈腹痛、呕吐、血便、休克、全身抽搐、昏迷，甚至死亡。若不慎皮肤接触，应脱去污染的衣着，用大量流动清水或肥皂水彻底冲洗皮肤至少15min；如有不适感，就医。眼睛接触，应提起眼睑，用流动清水或生理盐水冲洗；如有不适感，就医。吸入时应迅速脱离现场至空气新鲜处，保持呼吸道通畅；如呼吸困难，给氧；如呼吸停止，立即进行人工呼吸；如心跳停止，立即进行心肺复苏术，就医。食入时，对于神志清醒患者，给予用水漱口，给饮牛奶或蛋清，就医，可给予催吐和洗胃。

2. 环境危害

硝酸铵无毒，可作农肥（国家不批准有毒物用于农业施肥），在土壤中均能被农作物吸收，没有残留物，是生理中性肥料，但长期使用会对土壤造成酸化、板结等不良影响。硝铵适用的土壤和农作物范围广，但最适于旱地和旱作物，对烟、棉、菜等经济作物尤其适用，对水稻一般用作中、晚期追肥，效果也好，若做基肥，其肥效比其他氮肥低。

3. 燃爆危险与消防措施

硝酸铵助燃，环境温度或较高温度下，非常稳定，但遇可燃物着火时，能助长火势，与易（可）燃物混合或急剧加热会发生剧烈反应而爆炸，受强烈震动也会起爆。硝酸铵是强氧化剂，与还原剂、有机物、易燃物如硫、磷或金属粉末等混合可形成爆炸性混合物。灭火方法：消防人员须佩戴防毒面具，穿全身消防服，在上风向灭火。切勿将水流直接射至熔融物，以免引起严重的流淌火灾或引起剧烈的沸溅。遇大火，消防人员须在有防护掩蔽处操作。灭火剂：水、雾状水。禁止用砂土压盖。

4. 泄漏应急处理方法

隔离泄漏污染区，限制出入。建议应急处理人员戴防尘面具（全面罩），穿防毒服。穿上适当的防护服前严禁接触破裂的容器和泄漏物。勿使泄漏物与还原剂、有机物、易燃物或金属粉末接触。尽可能切断泄漏源。勿使水进入包装容器内。小量泄漏：用洁净的铲子收集泄漏物，置于干燥、干净、盖子较松的容器中，将容器移离泄漏区。大量泄漏：泄漏物回收后运至相应处理场所处置，并用水冲洗泄漏区。作为一项紧急预防措施，泄漏隔离距离周围至少为25m，如果为大量泄漏，下风向的初始疏散距离应至少为100m。

项目二　硝酸铵的性质与用途

学习目标

1. 知识目标：了解硝酸铵的性质；
2. 能力目标：学会硝酸铵的用途；
3. 情感目标：学会硝酸铵的性质决定硝酸铵的用途的规律，培养与人合作的岗位工作能力。

项目任务

1. 硝酸铵的性质；
2. 硝酸铵的用途。

 项目描述

该项目阐述了硝酸铵的性质；重点描述了硝酸铵的用途。

项目分析

硝酸铵的用途是学习重点。

知识平台

1. 常规教室；
2. 实训工厂。

 **项目实施**

任务一　识读硝酸铵的性质

1. 硝酸铵的一般性质

硝酸铵，化学式为 NH_4NO_3，纯净的硝酸铵为无色无臭的透明结晶或呈白色的小颗粒，具有刺激性气味，有潮解性，易吸湿结块。硝酸铵极易溶于水同时吸收大量热，硝酸铵溶于等量水中，可使温度由 15℃ 降到 −10℃，所以硝酸铵也可做冷冻剂使用。硝酸铵饱和溶液的沸点、密度随浓度的增加而增加。硝酸铵还易溶于液氨、甲醇和丙酮、氨水等溶剂中。微溶于乙醇，不溶于乙醚。硝酸铵属于铵盐，受热易分解，与碱反应有氨气生成，且吸收热量，是一种重要的仅次于尿素的高效氮素固体化学肥料，还是分析试剂、氧化剂、制冷剂及生产烟火和炸药的工业原料。

2. 硝酸铵的特性

硝酸铵具有下列特殊性质。

（1）多晶性　硝酸铵具有五种不同的结晶体，每一种晶体都只有在一定的温度范围内才是稳定的。如表 2-1 所示。

表 2-1　硝酸铵的晶体形态及稳定存在的温度范围

晶体形态（变化形态）	晶体稳定存在的温度范围/℃	密度/（g/cm³）
立方晶体（Ⅰ）	169.6～125.2	1.69
菱形晶体（Ⅱ）	125.2～84.2	1.69
假同晶体（Ⅲ）	84.2～32.3	1.66
正交晶体（Ⅳ）	32.3～−16.9	1.726
四方晶体（Ⅴ）	−16.9 以下	1.725

将硝酸铵缓慢加热或冷却时，它可以连续地从一种晶型转化为另一种晶型，每种晶型仅在一定温度范围内稳定。如果突然从高温冷却至低温，即可以从一种晶型直接转化为另一种晶型，而不经过中间的晶型。例如把处于 125.2℃ 的硝酸铵迅速冷却至 32.3℃ 以下，即可以从晶型Ⅱ直接转化为晶型Ⅳ。在晶型转化的同时，晶体的结构、密度、比容也随之发生变化，并放出热量。特别是当环境温度在32.1℃ 上下变动时，颗粒硝酸铵会自身碎裂成粉状而引起结块，环境温度在32.1℃ 以下结晶的正交晶体最稳定，密度最大，不易潮解。

（2）吸湿性　硝酸铵与其他含氨盐类不同的地方，是具有相当高的吸湿性，这是一个很大的缺点。吸湿性是指物质由空气中吸收水分的能力。在某一温度下，当周围大气中水蒸气压力超过该物质饱和溶液液面上的水蒸气压力时，该物质即吸湿，反之，该物质将减湿，两者相等时物质既不吸湿也不减湿，处于平衡状态。吸湿性的强弱用吸湿点来衡量。所谓吸湿点，就是硝酸铵饱和溶液上面的水蒸气压力与同温度下空气的饱和水蒸气压力之比，用百分数表示。空气的温度越高，相对湿度越大，硝酸铵越容易吸湿。例如 30℃ 时，吸湿点为 59.4%，而在 10℃ 时，则为75.3%。可见，热和潮湿对硝酸铵的储存不利。

（3）结块性　指成品硝酸铵在储存或运输过程中失去疏散的性质而结成硬块的性质，这使得在工业上及农业上使用硝酸铵时产生困难。引起硝酸铵结块的原因主要有以下几个方面：晶型改变现象所致；硝酸铵在冷却、干燥过程中，会从它的饱和溶液中析出结晶；细粒硝酸铵受到很大压力时由于颗粒互相挤压，引起结块；硝酸铵的吸湿性引起结块。采用造粒的方法，或在包装之前冷却（至 32.3℃ 以下）硝酸铵使成品水分含量尽量减少，或在硝酸铵中加入添加剂或制成复合肥料等措施均可避免结块。有几种防结块的方法，例如：可在硝酸铵中加入约 1% 的硫酸铵与磷酸氢二铵混合物；在欧洲一些国家采用硝酸镁作为硝酸铵的防结块剂。

（4）热分解及爆炸　硝酸铵受热易发生分解，甚至爆炸。受热温度不同，分解产物也不同。

在 110℃ 时：$NH_4NO_3 \longrightarrow NH_3 \uparrow + HNO_3 + 173kJ$

在 185～200℃ 时：$NH_4NO_3 \longrightarrow N_2O \uparrow + 2H_2O + 127kJ$

在 230℃ 以上时，开始强烈分解，同时有弱光：$2NH_4NO_3 \longrightarrow 2N_2 \uparrow + O_2 \uparrow + 4H_2O + 129kJ$

在 400℃ 以上时，发生爆炸：$4NH_4NO_3 \longrightarrow 3N_2 \uparrow + 2NO_2 \uparrow + 8H_2O + 123kJ$

纯硝酸铵在常温下是稳定的，对打击、碰撞或摩擦均不敏感。但在高温、高压和有可被氧化的物质（还原剂）及电火花存在下会发生爆炸，硝酸铵在含水 3% 以上时无法爆炸，但仍会在一定温度下分解，在生产、贮运和使用中必须严格遵守安全规定。

任务二　解读硝酸铵的用途

（1）农业用途　硝酸铵是一种水溶性绝佳的肥料，总氮量在 32%～35% 之间，适用于各种性质的土壤，有速效性肥料之称。农业上用作麦类、玉米、棉花、亚麻、大麻、烟草和蔬菜等农作物的肥料，效果特别好；还用于制造含钾、磷、钙等的复合肥料。

（2）工业用途

① 炸药工业用作制造高氯酸盐炸药、铵油炸药和浆状炸药等的原料。硝酸铵是极其钝感的炸药，是一种"安全炸药"，广泛用于开矿、筑路、移山造田和小型爆炸等作业。

② 医药工业用于制造一氧化二氮（俗称笑气）（麻醉剂）、B 族维生素。

③ 玻璃工业用于制造无碱玻璃。

④ 此外，还可用于制造冷冻剂、微菌培养剂、乐虫剂、催化剂、氧化剂、焰火等。

（3）国防用途　常与 TNT 混合使用。

（4）建筑用途　加固建筑物地基的一种新型添加剂。

项目三　硝酸铵的生产方法

学习目标

1. 知识目标：学会中和法生产硝酸铵的基本原理及工艺条件的选择；

2. 能力目标：学会硝酸铵稀溶液蒸发工艺条件的选择；

3. 情感目标：学会硝酸铵熔融液结晶及造粒工艺条件的选择，培养与人合作的岗位工作能力。

项目任务

1. 中和法生产硝酸铵的基本原理及工艺条件的选择；

2. 硝酸铵稀溶液蒸发的工艺条件的选择；

3. 硝酸铵熔融液的结晶及造粒工艺条件的选择。

项目描述

该项目阐述了硝酸铵稀溶液蒸发、硝酸铵熔融液结晶及造粒工艺条件的选择；重点描述了中和法生产硝酸铵的基本原理及工艺条件的选择。

项目分析

中和法生产硝酸铵的基本原理及工艺条件的选择是学习重点。

知识平台

1. 常规教室；

2. 实训工厂。

项目实施

硝酸铵的工业生产方法有中和法和转化法两种。其中中和法是最常用的生产方法，是重点学习的对象。而转化法则是利用硝酸磷肥生产过程中副产的四水硝酸钙为原料，与碳酸铵溶液进行反应，生成硝酸铵和碳酸钙沉淀，经过滤，滤液加工成硝酸铵产品或返回硝酸磷肥生产系统。

中和法的中和反应可以在真空、常压、加压条件下进行。原料是浓度 60％ 以上的稀硝酸和氨气或含氨气体（合成氨生产中的弛放气、储罐气、尿素生产中的蒸馏尾气）。原料中的氯化物、油分、有机物均不应超过允许值，而且不应含有能在工艺过程中增加热分解和引起爆炸危险的其他物质。

采用真空中和是与结晶硝酸铵生产相结合的工艺，其设备与硫酸铵生产的饱和结晶器相似。若有价廉的蒸汽来源，可采用常压中和，以节约设备投资，简化操作。加压中和可以回收反应热，副产蒸汽，用于预热原料和浓缩硝酸铵溶液。氨中和浓度为 64％ 的硝酸时，每吨氨可副产蒸汽约 1t。工业上采用较多的是加压中和工艺。加压中和在 0.4～0.5MPa 和 175～180℃ 下操作，硝酸浓度为 50％～60％，先用氨中和至 pH 值为 3～4，以减少氨损失，再加氨调整到 pH 值约为 7，得到的硝酸铵溶液浓度为 80％～87％。回收的蒸汽用来蒸发液氨或作为真空蒸发硝酸铵溶液的热源。中和得到的稀硝酸铵溶液，用真空蒸发或降膜蒸发的方法浓缩到 95％～99％，然后用不同方法造粒。

塔式喷淋造粒是应用最广泛的硝酸铵造粒方法。

① 制造农用颗粒产品时，用浓度为 99％ 的硝酸铵溶液喷淋，并加入调理剂，所得产品的表观密度为 1.65kg/L。农用硝酸铵还可以采用盘式造粒或转鼓造粒的方法，其优点是颗粒较大，更适合农业需要，烟尘的危害较小。

② 制造用于炸药生产的低密度硝酸铵颗粒，是用浓度约 95％ 的硝酸铵溶液喷淋，然后进行干燥和冷却，产品表观密度为 1.29kg/L，具有多孔结构，有利于吸油。

工业上硝酸铵的生产几乎全部采用氨和稀硝酸中和的方法，一般可以分为下列几个主要过程：

① 氨气和稀硝酸进行中和反应，制取硝酸铵稀溶液；

② 硝酸铵稀溶液的蒸发，获得硝酸铵熔融液；

③ 硝酸铵熔融液的造粒，获得颗粒状硝酸铵成品；

④ 硝酸铵成品的包装和储存、运输、外销。

任务一 识读中和法生产硝酸铵的基本原理及工艺条件

1. 中和反应原理

氨中和硝酸的反应为：

$$NH_3 + HNO_3 \Longrightarrow NH_4NO_3 + 149.1kJ$$

由上式可知，用氨中和硝酸制取硝酸铵是气液多相反应过程，反应是放热反应，反应前后体积有变化。

中和反应放出的热量，取决于所用硝酸的浓度以及硝酸和气氨的温度，所用硝酸的浓度以及硝酸和气氨的温度越高，放出的热量就越多。

用100%的气氨和100%的硝酸中和放出的热量是149.1kJ/mol，由于中和得到的是硝酸铵溶液，因此，利用中和热越多，则从硝酸铵溶液中蒸发出去的水分越多，得到的硝酸铵溶液的浓度越高。合理利用中和热，甚至可以得到熔融液而不需外加热量。在利用中和热的条件下，如果热损失按3%计，可得出图2-3所示的硝酸铵溶液浓度与所用硝酸浓度的关系。

实践证明，氨和硝酸进行气相反应是很不完全的，会导致大量氨的损失，所以应尽量使中和反应在液相中完成。

从中和器排出的硝酸铵稀溶液，常带酸性或碱性，故必须再次在中和器中补入少量的氨或硝酸，使之完全中和。

对中和反应的化学平衡有利的条件是：

① 提高硝酸浓度或氨浓度；

② 采用加压操作；

③ 采用较低的温度。

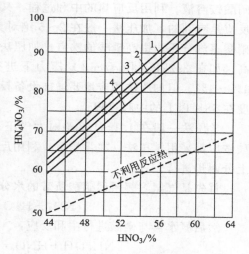

图2-3　硝铵溶液的浓度与硝酸浓度的关系
1—硝酸与气氨的温度为70℃；2—硝酸与气氨的温度为50℃；3—硝酸的温度为50℃，气氨的温度为20℃；4—硝酸与气氨的温度为20℃。

但温度低对提高反应速率不利，中和反应还要考虑氮的损失问题，因而，选择工艺条件时应各方面兼顾。

现今的中和过程都是充分利用反应热，蒸发掉一部分水分，制得较浓的硝酸铵溶液，节省一些蒸发用加热蒸汽，如果将氨与硝酸预热到一定温度后再送去中和，还可使生成的硝酸铵溶液更浓一些。

由图2-3可看出，当充分利用中和热时，甚至有可能用较浓的硝酸和气氨反应，直接制得硝酸铵熔融液，而不需要进行蒸发。但实际上，当硝酸浓度大于58%时，由于中和反应放出的热量增加，使中和器内的温度能迅速升高至140~160℃，此温度远远高于恒沸硝酸的最高沸点120.6℃，所以致使硝酸气化或分解，增加氮的损失，对生产不利。所以，在硝酸铵生产中，常压下通常使用的硝酸浓度为40%~55%，硝酸温度也不宜过高，否则，对设备腐蚀会加剧。

最初，在硝酸铵生产中为了安全起见，中和反应热是不加利用的，只是设法通过冷却的方法将其热量移走。现在使用的中和设备都是利用反应热的，即在中和器内利用中和反应热加热硝酸铵溶液，使其蒸发掉一部分水分，以便制得浓度较高的硝酸铵溶液。利用反应热的中和过程，又可分为常压法和加压法两种。加压对中和反应是有利的，加压法一般在 2～5 绝对大气压下进行中和反应。加压后还可降低硝酸蒸汽分压，提高硝酸的沸点。加压法热利用率高，所制得的硝酸铵溶液浓度也高。如在 392kPa（4kgf/cm²）压力下进行中和反应，所得溶液浓度较常压下高3%～4%。但加压法相应地要增加设备投资及电能消耗。加压法一般适用于硝酸浓度在 58% 以上的中和过程。

常压法一般在 1.1～1.2 绝对大气压下进行中和反应。目前，我国绝大部分硝酸铵厂都采用常压法。在常压下，利用反应热进行的气氨中和稀硝酸的过程，实际上分两步进行。

首先是气氨溶解于稀硝酸所带的水分中，生成氨水：

$$NH_3 + H_2O \Longrightarrow NH_4OH$$

然后氨水再与硝酸进行中和反应：

$$NH_4OH + HNO_3 \Longrightarrow NH_4NO_3 + H_2O$$

中和反应是瞬时完成的，第一步生成氨水的化学反应速率则受扩散和化学反应两个过程的控制，主要取决于气氨在溶液中的扩散速率。实践证明，氨和硝酸进行气相反应是很不完全的，会导致大量的氮损失，应尽量避免。因此，在设计中和反应器时应充分考虑气液接触表面积要大，气液相对线速度要适当，使中和反应在液相中完成。

从中和器排出的硝酸铵稀溶液，常带酸性或碱性，故必须在再中和器中补入少量的氨或硝酸，使之完全中和。

2. 中和过程的工艺条件

减少氮的损失，是选择中和过程工艺条件的重要问题，影响氮损失的因素主要有以下几个方面：

（1）温度　当温度升高时，会加速 NH_3 和 HNO_3 的挥发和分解，而造成氮的损失。而控制适当的温度，并提高操作压力，可以减少氮的损失，同时还可降低动力消耗。中和器的操作温度维持在 100～150℃ 为宜。

（2）硝酸浓度　硝酸浓度越高，本身所含氮氧化物就会分解，且浓度高的硝酸与氨气反应放出的热量多，温度高，硝酸和氨易挥发、分解，同时蒸发的水蒸气量随温度升高而增多，水蒸气带出的原料也增加。所以浓度高的硝酸导致氮损失增大，故直接利用中和热的常压操作，压力一般为 0.11～0.13MPa，硝酸浓度一般采用 47%～55%，中和器的操作温度维持在 100～150℃ 为宜，否则，不但氮损失多，而且还会增加设备的腐蚀。

（3）气氨纯度　气氨纯度低，惰气多，中和器排出尾气量增大，加剧了气氨挥发而使氮损失加大，如采用尿素生产尾气或合成氨吹除气制硝酸铵时，较为突出。

一般气氨纯度较高，引起氮的损失较小，但是如果中和器设计不当，气液两相接触不良，或 NH_3 与 HNO_3 局部地区过剩积累，有可能增加氮的损失，因而要求气氨纯度高，中和反应器结构合理，气液接触良好。

（4）气氨和硝酸用量　在一定温度和压力下，硝酸铵稀溶液以等量时为最稳定，若控制不当，NH_3 或 HNO_3 的量偏离生成 NH_4NO_3 的化合量，即 NH_3 或 HNO_3 某一个过量太多，必然引起氮的损失。实践证明，在碱性介质中进行生产硝酸铵的中和反应时，从中和器中逸出与蒸汽一起带出的 NH_3 和硝酸铵的损失比在酸性介质条件下的硝酸和硝酸铵的损失大。因为在硝酸过剩时，硝酸铵溶液上的硝酸蒸气压比该溶液上的氨的蒸气压小得多，所以多数工厂采用酸性介质条件下中和。但为了减少硝酸的损失并减轻再中和过程的负担，在中和器内溶液中游离硝酸的含量，要求严格控制在 $0.1\sim1.0g/L$ 范围内。

任务二　解读硝酸铵稀溶液蒸发的工艺条件

蒸发是通过加热使溶液中所含的溶剂汽化，提高溶液中溶质的浓度。在硝酸铵的生产中，将硝酸铵溶液进行蒸发，而使溶液中水分汽化，硝酸铵浓度得以提高。蒸发可在沸点或低于沸点下进行，前者的效率远远超过后者。故工业上的蒸发都在沸腾状况下进行。蒸发操作可在常压、加压或减压下进行。在减压下进行的蒸发叫真空蒸发。

由于硝酸浓度和温度、压力不同，经中和与再中和后的硝酸铵溶液浓度也不相同，一般在 $56\%\sim76\%$，为制取固体硝酸铵，需将此稀溶液进行蒸发浓缩。

硝酸铵溶液蒸发的最终浓度应根据结晶方式来确定。

用盘式结晶机进行结晶时，硝酸铵溶液要求蒸发浓缩至 $97\%\sim97.5\%$；用造粒塔法造粒时，硝酸铵溶液则需蒸发浓缩至 $98.5\%\sim99.5\%$。

我国硝酸铵生产常用的两种结晶方法：一种是真空结晶法生产粉状结晶硝酸铵，一般要求硝酸铵浓度为 $88\%\sim92\%$；另一种是造粒法，生产粒状硝酸铵，要求硝酸铵浓度为 $98.5\%\sim99.5\%$。

硝酸铵溶液的沸点随浓度增大而升高，在常压下，92% 的硝酸铵溶液的沸点为 $162℃$，95% 的硝酸铵溶液的沸点为 $175℃$，当浓度为 96.89% 时，其沸点升高到 $196.15℃$。

高浓度的硝酸铵熔融液温度达到 $185℃$ 以上，即开始分解，并放出热量，发生爆炸。因此，在常压下，蒸发浓缩硝酸铵溶液，浓度提高到 96% 以上是极其困难的，故硝酸铵溶液的蒸发多采用真空蒸发。

采用真空蒸发，可以大大降低溶液的沸点，82% 硝酸铵溶液在常压下沸点为 $131℃$，但在 6.66×10^4Pa 的真空度下，沸点降低到 $94℃$。由于沸点温度降低，而加热蒸汽压力可以大大降低，节省了压力较高的蒸汽消耗，同时换热器内外壁温度差增大，传热推动力加大，故蒸发速率明显加快，时间缩短，这对于在高温下、长时间蒸发容易分解造成氮损失的硝酸铵溶液具有重要的意义。

由于溶液中的溶剂汽化所需的热量是随汽化温度的降低而增大的，故在真空蒸发中，消耗的低压蒸汽量要比常压或加压下多，如在 9MPa 压力下蒸发 1kg 水分需消耗 2033.1kJ 热量，而在 $9.6 \times 10^4 Pa$ 的真空下，则需要 2406.2kJ 的热量。

采用不同的蒸发设备，对硝酸铵溶液的蒸发也有影响，膜式蒸发器具有蒸发效率高，停留时间短，可以减轻或削弱硝酸铵的分解等优点，故被广泛采用。

为了减少蒸发的消耗和蒸发过程中硝酸铵的分解损失，提高生产能力，硝酸铵溶液的蒸发过程多采用二段真空蒸发。

第一段蒸发采用立式膜式蒸发器，用 1.2～1.3MPa 的中压蒸汽间接加热，操作压力为 $(6.66～7.33) \times 10^4 Pa$，排除溶液中大部分水分，将硝酸铵溶液提浓到 82%～84%，这时虽然蒸发时间较长，但温度较低，而且真空度并不很高，故硝酸铵分解量不大。

第二段蒸发采用卧式（或立式）膜式蒸发器，用 0.8～1MPa 的中压蒸汽间接加热，操作压力为 $7.99 \times 10^3 Pa$，继续排除溶液中的水分，将硝酸铵溶液浓缩到 90%～94%，然后进入真空结晶机制得粉末状结晶成品。也有采用三段蒸发，将硝酸铵浓缩至 98.5%～99.5%，将熔融液送去造粒，而得到粒状硝酸铵成品。虽然二段（或三段）真空蒸发温度较高，但真空度比一段低，而且蒸发时间很短，故硝酸铵实际分解量也很少。

任务三　解读硝酸铵结晶及造粒的工艺条件

硝酸铵从水溶液中呈结晶状析出的过程称为结晶过程。要使溶液析出固体硝酸铵，必须首先使溶液呈过饱和状态。

固体与溶液之间的相平衡关系，可以用固体在溶剂中的溶解度表示。物质的溶解度与溶剂的性质及温度有关，一定溶质在一定溶剂中的溶解度则主要随温度的变化而变化。硝酸铵的溶解度随温度的降低而显著下降。如在 100℃ 时的饱和硝酸铵溶液的溶解度为 92%，而 60℃ 时其饱和溶液的溶解度为 82%。据此关系，硝酸铵浓缩液在略加冷却后就会很快析出。

因此，工业生产中，将硝酸铵溶液进行绝热真空蒸发，再降低硝酸铵溶液的温度，相应的提高溶液浓度，使硝酸铵溶液达到过饱和，破坏物系相平衡，以析出结晶。

绝热下进行真空蒸发，可分为蒸发与结晶两个过程，依靠硝酸铵溶液的显热和结晶热，在负压下将其中的水分蒸发，使溶液浓度提高，达到过饱和状态，然后进行结晶过程。

浓缩的硝酸铵的结晶是硝酸铵生产中极为重要的一步，结晶的大小形状，对硝酸铵的物理、化学性质都有很大的影响。温度低于 32.3℃ 时的斜方晶体最稳定而不易结块，故应控制最适宜的结晶温度和其他条件。

由于硝酸铵结晶方法和结晶速率的不同，可制得：

① 细粒结晶（盘式真空结晶机）；

② 互相紧密黏结的鳞片状粒度不均匀的结晶（冷辊结晶机）；

③ 颗粒状的结晶（造粒塔法造粒结晶）。农用硝酸铵多用颗粒状，少量为鳞片状，细粒结晶一般只用于工业硝酸铵。

真空盘式结晶机，是利用硝酸铵结晶热进行自蒸发，干燥得到含水量仅为 $0.1\%\sim0.2\%$ 的细粒状硝酸铵。

冷辊式结晶机，蒸发浓缩的硝酸铵溶液浓度较高，一般为 $97\%\sim97.5\%$、温度 $140℃$，在冷却辊上面进行结晶时，其半成品水分含量高达 $1.5\%\sim2.5\%$，然后再进行热风干燥而得到成品。

造粒塔法结晶是将硝酸铵浓度 $98.5\%\sim99.5\%$、温度 $160℃$ 以上的熔融液，打入造粒塔顶部的造粒喷头，借离心力作用将其喷洒成粒，在造粒塔内由上至下冷却并干燥成粒状硝酸铵，为防止硝酸铵成品受潮结块，冷却至 $50\sim90℃$ 后的硝酸铵表面撒上石灰石粉、硅藻土或其他钙镁盐等无机物，最后再进行包装。

任务四 解读硝酸铵成品的包装、储存及运输

成品硝酸铵的质量不仅和生产工艺有关，而且在相当大的程度上也和包装、储存及运输的条件有关。

包装物的选择具有特别重要的意义，因为只有用妥善的方法将成品包装在适宜包装物中，产品才能产生应有的效果。

1. 包装

硝酸铵一般采用涂有沥青的五层纸袋包装，涂有沥青的纸袋比较坚固、严密，并且在储存中可防止硝酸铵吸收大气中的水分。

经过造粒后的硝酸铵由宽 $500mm$、长 $18250mm$、倾斜度 $12°20'$、公称能力 $60t/d$ 的皮带输送机，用 $2.2kW$ 的电机带动运转，运送至成品储斗中。在储斗下锥部由人工将成品装入纸袋中，并经磅秤称量，然后由宽 $500mm$、长 $4440mm$ 的小皮带输送机配 $1.5kW$ 的电机带动送至缝包机，在输送过程中将包口缝合，缝好后的纸袋由小皮带机尾部倒在小车上，在仓库内进行堆放。

2. 储存

储存于阴凉、通风的库房。远离火种、热源。应与易（可）燃物、还原剂、酸类、活性金属粉末分开存放，切忌混储。储存区应备有合适的材料收容泄漏物。禁止震动、撞击和摩擦。

包装厂房的硝酸铵的堆放高度为 10 袋，其数量一般不得大于 $300t$。堆与堆间保持 $1m$ 的距离，以便通风冷却和着火时抢救。硝酸铵仓库应通风良好，并严格防止雨淋。库内应保持干燥和清洁，不允许煤、硫铁矿、硫黄、铅、锌、铜及各种油类、木屑、棉纱等混入硝酸铵成品中，也不允许把硝酸铵与亚硝酸铵、硝酸钙和易燃的有机物质在同一厂房内进行储存。

硝酸铵仓库中，禁止采用开启式的照明灯，而应采用密闭式的照明灯。在仓库中，无论任何情况下，都不允许吸烟、点火和进行与火有关的工作，如焊接等。仓

库应备有消防工具、消防水管和防毒面具。发生火灾时，只能用水扑灭。灭火时应戴上防毒面具，以免吸入硝酸铵分解放出的氮氧化物导致中毒。如储存大量硝酸铵，则应在厂外设较大的仓库，任何情况下都不允许放在露天场所。装卸或搬动硝酸铵时应小心，以避免纸袋破损。

3. 运输

① 运输车辆应有危险货物运输标志，安装具有行驶记录功能的卫星定位装置。未经公安机关批准，运输车辆不得进入危险化学品运输车辆限制通行的区域。

② 运输时单独装运，运输过程中要确保容器不泄漏、不倒塌、不坠落、不损坏。运输时运输车辆应配备相应品种和数量的消防器材。严禁与易（可）燃物、还原剂、酸类、活性金属粉末等并车混运。

③ 运输车辆司机要拥有齐全的危险化学品运输资质，必须配备押运人员，并随时处于押运人员的监管之下，不得超装、超载，运输时车速不宜过快，不得强行超车。运输车辆装卸前后，均应彻底清扫、洗净，严禁混入有机物、易燃物等杂质。

项目四　硝酸铵生产的工艺流程及主要设备

1. 知识目标：学会硝酸铵生产的工艺流程、主要设备的知识；
2. 能力目标：学会硝酸铵生产的工艺流程、主要设备的应用；
3. 情感目标：学会硝酸铵生产的工艺流程的解读，培养工程观点及与人合作的岗位工作能力。

1. 硝酸铵生产的工艺流程；
2. 硝酸铵生产的主要设备。

项目描述

该项目阐述了硝酸铵生产的主要设备的应用；重点描述了硝酸铵生产的工艺流程图的解读。

项目分析

硝酸铵生产的工艺流程图的解读是学习重点。

知识平台

1. 常规教室；
2. 实训工厂。

项目实施

任务一 解读硝酸铵生产的工艺流程

工业上硝酸铵的生产几乎全部采用氨气和稀硝酸中和，然后将制得的溶液加工成为成品硝酸铵的方法。氨中和硝酸生成硝酸铵是放热反应，为避免在中和过程中硝酸或硝酸铵受热分解，就必须除去一部分中和热。生产上采用两种方式，一种是不利用中和热，设法通过冷却装置将热量移走，另一种是利用反应热蒸发硝酸铵溶液，以除去部分水分，提高硝酸铵溶液浓度，而蒸发生成的废蒸汽则用以加热原料硝酸。

根据中和反应的压力不同，可分为常压法和加压法两种，加压法一般在 $0.2 \sim 0.5MPa$。硝酸铵溶液的浓缩，根据原料稀硝酸溶液浓度的高低及气氨和稀硝酸预热程度的不同，可分为无蒸发法及一段蒸发法、二段（或三段）蒸发法等几种。按硝酸铵的结晶方法可分为结晶法和造粒法两种。

硝酸铵生产工艺主要受原料稀硝酸浓度的限制。在各种工艺流程中，很难评定哪种流程最优越，只能根据具体情况，全面考虑，选用一种较为合理的流程。

下面介绍常压法和加压法两种流程。

一、常压中和法生产硝酸铵的工艺流程

在常压中和法生产硝酸铵的流程中，可根据原料稀硝酸的浓度和稀硝酸、气氨的预热程度，决定采用蒸发器的段数。如以 $44\% \sim 47\%$ 的硝酸中和氨，需采用二至三段蒸发法，将硝酸铵溶液浓缩后才去造粒工序。如采用 50% 以上的硝酸，加之对原料进行适当预热，中和器出口溶液浓度可达 $85\% \sim 95\%$，则采用一段蒸发法，即能送至造粒工序进行造粒。

1. 常压中和二段蒸发真空结晶法生产硝酸铵的工艺流程

此法是我国小型硝酸铵厂常用的生产方法。如图 2-4 所示，由合成氨系统送来的气氨，经氨过滤蒸发器的管内，被管外废汽预热，经计量调节，进入中和器的内筒下部，鼓泡上升。由硝酸工段送来的稀硝酸储存在硝酸储槽内，用硝酸泵抽出送到酸高位槽，经调节流量后进入中和器的内筒上部喷淋而下，与下部鼓泡上升的氨气逆流接触进行中和得到硝酸铵稀溶液。硝酸铵稀溶液由内筒上部返到外筒，从底部进入三套液封，先往上行，再下行，最后上行至中和器上部进入器外小分离器。分离后的气体去分离器，硝酸铵溶液由小分离器下部进入再中和器，再补加部分氨气，使硝酸铵溶液呈微酸性。在真空作用下，硝酸铵溶液进入一段蒸发器管内向上行，被管外的中和蒸汽加热，蒸出部分水分，然后去一段蒸发分离器进行分离。硝酸铵溶液再经一段下料管下行，由下部进入二段蒸发器内上行，被管外加热，进一步蒸发水分，再经由二段蒸发分离器进行分离，硝酸铵溶液由二段下料管下行经液封筒进入溶液槽，在液封筒补加适量氨气，使溶液呈微碱性。硝酸铵溶液由溶液槽抽入结晶机，在搅拌与真空作用下，溶液所含水分绝大部分被抽出，成为晶体状的

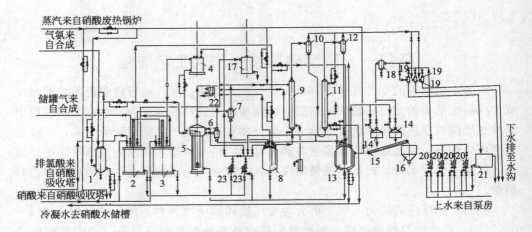

图 2-4 常压中和二段蒸发真空结晶法工艺流程

1—氨过滤蒸发器；2,3—硝酸储槽；4—硝酸高位槽；5—中和器；6—小分离器；
7—捕集器；8—再中和器；9—一段蒸发器；10—一段蒸发分离器；11—二段蒸发器；
12—二段蒸发分离器；13—硝酸铵溶液槽；14—结晶机；15—胶带机；16—硝
酸铵储斗；17—分离器；18—真空罐；19—喷射真空器；20—水泵；
21—水池；22—蒸汽取样冷凝器；23—酸泵

硝酸铵成品，硝酸铵成品则由结晶机的出口放出。

中和器的上部出来的蒸发蒸汽（二次蒸汽）经气液分离器分离其中夹带的硝酸铵液滴，由分离器顶部导出，沿切线方向进入捕集器，捕集的硝酸铵液滴由捕集器下部出来进入再中和器，捕集器上部出来的蒸汽供一段蒸发器加热。废汽去分离器分离。

二段蒸发器加热蒸汽用硝酸废热锅炉来的副产蒸汽或锅炉房蒸汽，二段加热出来的废汽经溶液槽保温后，再至氨过滤蒸发器使用。

一、二段分离器分离的废汽及结晶机蒸发出的水蒸气，经水喷射真空器与水混合进入水池。由压缩来的冷却水经硝酸铵水泵加压，送至蒸发和结晶水喷射真空器，供抽真空使用，同时起冷却作用，水与冷凝液和不凝性气体混合后到水池，部分循环使用，部分排放。此流程一段蒸发用中和蒸发蒸汽供热，热利用好，且氨损失较其他方法少。

2. 常压中和三段蒸发造粒法生产硝酸铵的工艺流程

此流程被我国某些大厂采用。其主要特点是原料稀硝酸浓度为 42%～45%，而且不预热，气氨纯度>99%，预热至 40～60℃。该流程中和反应在常压下进行，中和器出口溶液浓度达 64% 以上，温度为 115～125℃。如图 2-5 所示一段蒸发器在 $(5.33～1.87)\times10^4$ Pa 下用 0.02MPa 的中和蒸发蒸汽加热，一段蒸发后，溶液浓度可达 78%～85%。二段蒸发器在常压下蒸发，用 0.4～0.8MPa 蒸汽加热，二段蒸发后，溶液浓度可达 90%～92%。三段蒸发器在 $(1.87～3.2)\times10^4$ Pa 下用

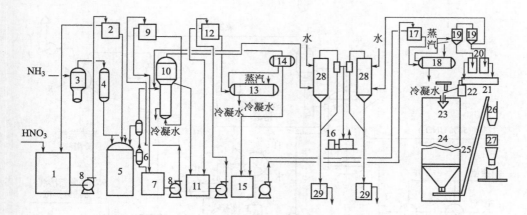

图 2-5　常压中和三段蒸发造粒法生产硝酸铵的工艺流程

1—硝酸储槽；2—硝酸高位槽；3—氨蒸发分离器；4—氨预热器；5—中和器；6—捕集器；
7—再中和器；8—泵；9—一段蒸发前高位槽；10——段蒸发器；11—一段蒸发后溶液槽；
12—二段蒸发前高位槽；13—二段蒸发器；14—二段蒸发分离器；15—二段后硝酸铵
溶液槽；16—水环真空泵；17—三段蒸发前高位槽；18—三段蒸发器；19—三段蒸发
分离器；20—液封槽；21—溶液槽；22—加氨槽；23—离心造粒器；24—造粒塔；
25—皮带输送机；26—成品储斗；27—自动磅秤；28—大气冷凝器；29—水封槽

0.8MPa 蒸汽加热，蒸发后溶液浓度高达 98.2% 以上。经离心式喷洒造粒器在造粒塔内喷洒造粒，造粒塔一般用钢筋水泥构筑，一般有效高度在 30～40m。然后，经皮带输送机在运输过程中进行冷却，最后称量、包装。一、二段真空蒸发器一般采用电动水环泵，并设有大气冷凝器及其他附属设备。

二、加压中和造粒法生产硝酸铵的工艺流程

加压中和造粒法流程有加压中和一段蒸发造粒法、加压中和无蒸发造粒法等几种流程。加压中和造粒法流程的优点是设备体积小，生产能力大，消耗定额低等。现重点介绍加压中和无蒸发造粒法流程。

氨中和硝酸时，硝酸浓度越高，制得的硝酸铵溶液浓度也就越高。当原料硝酸浓度达 58% 以上时，采用高效加压中和反应器，充分利用反应热则无需外加热量进行蒸发，直接得到高浓度的硝酸铵熔融液，送往结晶或造粒，即无蒸发法生产硝酸铵。

如图 2-6 所示浓度为 58%～60% 的稀硝酸和压力高于 0.43MPa 的气氨经由各自的预热器，用 0.3～0.35MPa 的二次蒸发蒸汽预热至 155℃ 以上，连续加入特殊的中和反应器，充分混合并快速发生化学反应。一般物料在反应器内停留时间仅 0.46s，中和反应器的压力为 0.3～0.35MPa，温度高达 210～235℃，利用气氨和稀硝酸的反应热和原料预热后带入的热量，足以蒸发掉随稀硝酸带进的全部水分，所得的蒸汽-气体-熔融液混合物进入离心式分离器内除掉绝大部分蒸汽和气体，使硝酸铵熔融液水分含量降到 2% 以下，再进入真空蒸发器内闪击蒸发。蒸发器内操

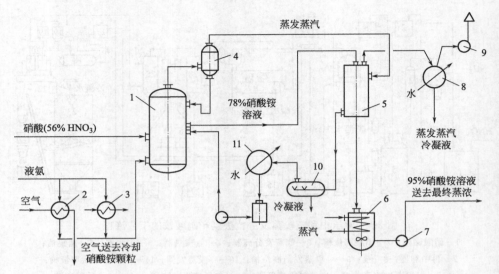

图 2-6　加压中和流程

1—中和器；2,3—氨蒸发器；4—分离器；5—蒸发器；6,10,12—受槽；
7,13—泵；8—冷凝器；9—真空泵；11—二次蒸汽冷凝器

作压力为 0.022MPa，将残存的水分几乎全部除去，得到浓度为 99.8％的硝酸铵熔融物，再送去造粒塔制得颗粒状硝酸铵成品。离心式分离器出来的二次蒸发蒸汽温度高达 200℃以上，可用于预热原料稀硝酸和气氨，以回收热量，反应过程无需外加热量进行蒸发。

三、硝酸铵的造粒方法

造粒塔法造粒生产硝酸铵的原理与尿素相似，不再赘述。现主要介绍流化床造粒法造粒原理。

将 95％以上的硝酸铵溶液经喷嘴在流化床上部或床侧进行喷射，从床下鼓入一定压力的适量空气，这样在床层内喷成雾状的硝酸铵液滴就立即干燥结晶成为固态，从而形成固体流态化。随着时间增加，颗粒粒径成长为 2～3mm，温度下降，从床底适当位置取出产品。送入床层内的空气从设备顶部逸出，经粉尘回收装置回收粉尘后，废气排出。此装置与造粒塔相比，设备容积强度提高 18～25 倍，产品颗粒坚硬，温度低，所以大大减少了产品的吸湿结块性，但动力消耗大，除尘负荷较大。流态化床造粒法代替高大的造粒塔可使生产流程大为简化。

任务二　解读硝酸铵生产的主要设备

一、循环式常压中和器

采用常压法所制得的 42％～52％的硝酸和合成氨工段送来的氨气为原料中和制取硝酸铵时，采用循环式常压中和器。

如图 2-7 所示，该中和器是由两个不同直径的同心圆筒构成，材料为不锈钢。

内筒 4 称为中和室，内筒 4 和外筒 3 之间的环状空间（环隙）称为蒸发室。硝酸和氨气分别由管子通到内筒下部的喷头 6 和 7，喷头上面开有很多小孔和环形管，硝酸喷头 6 在上，氨气喷头 7 在下，两者喷孔相同，从分布器喷出的硝酸和氨气剧烈反应，放出的热量使硝铵溶液沸腾蒸发（即第一次利用反应热），产生气液混合物，相对密度较大的硝铵溶液从外筒底部侧面的孔进入内筒，大量的硝铵溶液在内外筒之间进行循环，这是中和器的结构特点，也是减少氨损失的核心技术。由于大量硝酸铵溶液循环，氨气与硝酸从分布器喷出后马上溶于大量硝铵溶液中，成为稀溶液进行反应，因为浓度低，挥发损失大大减小。由于溶液剧烈循环，使氨气与硝酸接触时间延长，反应更为完全，减少和避免

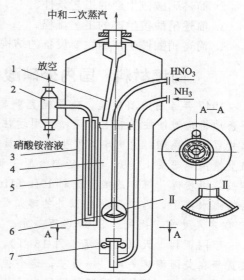

图 2-7　中和器构造示意图

1—淋液回流管；2—分离器；3—外筒；4—内筒；5—三套管；6—酸喷头；7—氨喷头

了氨的损失。反应生成的硝酸铵溶液，经液封筒从中和器侧面流出，蒸发出的蒸汽则从中和器顶部排气管排走。

中和器上部粗大部分是蒸发空间。中和器顶部有一漏斗形的气液分离器装置，其作用系利用蒸发蒸汽的流速变化，分离其中夹带的硝酸铵液滴。

中和器三套管 5 的作用是使内筒流出的溶液不全部流出中和器，使中和器内保持一定高度的液面，便于氨与硝酸在液相中进行反应，同时也防止蒸发蒸汽从溶液导出管带出。

小分离器 2 的作用是使从中和器出来的溶液在此处将压力由 0.12～0.13MPa 减至 0.1MPa，产生的蒸汽由小分离器顶部放空管放空，以减少再中和器蒸汽量，使流出的溶液量均匀。

中和器的工作压力为 0.12～0.13MPa，从中和器内排出的水蒸气还可以作为热源进一步利用，可用来加热原料或蒸发稀硝酸铵溶液。

二、再中和器

常压中和后，溶液一般呈酸性，而加压中和，为降低酸性液对设备的腐蚀，一般控制溶液呈碱性，经再中和器再次中和后基本上使硝酸铵溶液呈中性。

中和器和再中和器都是由 18-8 型不锈钢制造的。

1. 简述硝酸铵生产的反应原理。

2. 简述硝酸铵生产的工艺条件。

3. 简述硝酸铵生产的工艺流程。

4. 简述硝酸铵生产的主要设备的结构及工作原理。

阅读材料：国内外硝酸铵爆炸事故的典型案例

1947 年 4 月 6 日凌晨，美国德克萨斯城港湾一片宁静，大部分船员正在有条不紊地将硝酸铵往货船上装运，计划运往法国。8：30，有人突然发现船底舱不知何故冒出了黑烟，火灾事故发生了。船员们在船长的命令下封闭了舱口，随即全体船员撤离到码头上。9：15，货船像原子弹似的爆炸了，一朵蘑菇云直升天空，船体被炸得粉碎。爆炸的威力掀起 10ft（1ft＝0.3048m）高的浪潮，大火竟将码头水区的海水排干，远在 5000ft 以外的建筑物轰然成排倒下。事故造成 570 多人丧生，3000 多人受伤，损失达 5000 多万美元。

事隔不到十天（1947 年 4 月 16 日），一艘从法国开来，并装有一万吨硝酸铵的货船在美国德克萨斯——西基，这个被称为化学城的海湾上爆炸了，该城几乎全部毁灭。起初，船员发现船舱里冒出了稀淡的烟雾，继而变黑，于是紧急灭火，但灭火无效，火势猛增。当消防队员赶到，且十条水枪同时猛射也无济于事。燃烧不到 40min，只听一声巨响，一朵巨大的蘑菇云升上天空，强大的冲击波使得大小建筑物燃烧倒塌，大批生灵被埋葬。熊熊的烈火焚烧了三天三夜，2/3 的街区成为废墟，3/4 的化工企业被葬送。这次爆炸死亡 468 人，伤者不计其数，该城消防人员无一幸免。事后，美国政府成立调查组对此事故进行了认真调查，其结论令所有的人瞠目结舌：火灾爆炸事故竟是一名船员无意间将一支未燃灭的烟蒂扔进船舱引起的。

三个月后（1947 年 7 月 28 日），一艘从美国开到法国布勒斯特港停靠的"利那尔基号"也同样因硝酸铵爆炸而葬身海底，船上的救火人员全部丧生，事故造成 100 多人死亡，近千人受伤。

1993 年 8 月 5 日，深圳市清水河危险品仓库发生了大爆炸，起因则是仓库内混装了多种化学物品，其中就有大量的硝酸铵。由于天气炎热，混装的硝酸铵与其他化学物品发生反应后发热自燃，继而导致了爆炸事故的发生。这起事故造成直接经济损失 2.4 亿元，死伤人员达 800 多人。

1994 年 6 月 23 日凌晨，天津市冶金局铝材厂在加热硝酸铵过程中，因未严格按照安全操作规程操作，致使池内的硝酸铵发生爆炸，与该厂相邻的大部分建筑物被摧毁，造成 10 人死亡，23 人受伤。

1994 年 7 月 28 日中年，四川蓬溪县某化肥厂由于管理不善，4 名儿童混入了该厂硝酸铵库房背后，利用库房通风洞给灶炉点火烤鱼吃，结果火苗从通风洞引燃了百叶窗，紧接着又引燃了库房内的硝酸铵。所幸的是由于人们的奋力扑救，硝酸铵没有发生爆炸，但却发生了震惊全国的重大人身伤亡事故：参加救火的人由于只顾救火而未穿戴防护用品，致使 147 人中毒住院抢救，3 人抢救无效死亡。

　　为了保证今后不再有类似的惨剧发生，人们必须提高对硝酸铵危险性的认识，加强防范。在生产硝酸铵过程中，要严格按照操作规程办事，不可大意；在装卸运输过程中，不可发生碰撞；在储存过程中，不可与其他化学物品相混，应独立存放。无论是在生产还是在运输装卸、储存过程中，人们不得在旁吸烟、用火；生产车间和库房四周要加强安全保卫，严禁明火存在，严禁儿童燃放烟花爆竹或在四周烧野火。对于生产第一线的职工，要掌握硝酸铵火灾的正确扑救方法，并做到及时、准确地预报火警，迅速地扑灭火灾，以避免硝酸铵在高温下发生爆炸而扩大事故。

第三章

硝酸磷肥生产工艺

项目一　概述

 学习目标

1. 知识目标：学会硝酸磷肥的组分与性质；
2. 能力目标：了解硝酸磷肥的生产工艺发展简史；
3. 情感目标：了解硝酸磷肥的生产工艺，培养与人合作的岗位工作能力。

 项目任务

1. 硝酸磷肥的组分与性质；
2. 硝酸磷肥的生产工艺发展简史。

项目描述

　　该项目阐述了硝酸磷肥的生产工艺发展简史；重点描述了硝酸磷肥的组分与性质。

项目分析

硝酸磷肥的组分与性质是学习重点。

知识平台

1. 常规教室；
2. 实训工厂。

项目实施

任务一　识读硝酸磷肥的组分与性质

一、定义

硝酸磷肥是氮磷二元复合肥料，主要成分是硝酸铵、硝酸钙、磷酸一铵、磷酸二铵、磷酸一钙、磷酸二钙，有些品种还含有硝酸钾和氯化铵。多数产品中的磷酸盐，一部分是水溶性的，另一部分是不溶于水而溶于中性枸橼酸铵溶液的。代表性产品有（N%-P$_2$O$_5$%-K$_2$O%）20-20-0、28-14-0、26-13-0、16-23-0。

二、物理性质及使用性能

硝酸磷肥呈深灰色，中性，吸湿性强，易结块，应注意防潮。

肥料中非水溶性磷和硝态氮约各占磷氮总量的一半。硝态氮不被土壤吸附，易随水流失，施在旱地往往比水田好；在严重缺磷的干旱土壤上，应选用高水溶性的硝酸磷肥。作基肥和早期追肥，每亩用肥量约 30kg。

任务二　了解硝酸磷肥的生产工艺发展简史

硝酸磷肥是用硝酸分解磷矿石，氨中和萃取液而制得的复合肥料。它具有不用硫酸而用硝酸的特点，硝酸在分解磷矿中得到双重利用，既使磷矿得以分解，又增加了产品中的有效成分氮，且排出废渣较少，萃取液加工可制得多元复合肥料，也可以生产单一的氮、磷肥料。

硝酸磷肥于 20 世纪 30 年代初开始工业化生产。1908 年，俄国学者提出用硝酸分解磷矿可以制得含 N、P 复合肥料的见解。1927 年，德国德法本公司首先用硝酸-磷酸的混合酸分解磷矿，再向酸解产物中加入钾盐而得到含 N、P、K 综合养分的肥料，但因产品有很重的氨味等问题，不到一年就停产了。1928 年，挪威Odda Smelt 公司提出用硝酸分解磷矿，得到的酸解液用冷冻的方法分离掉大部分硝酸钙，然后再加工成肥料的方法。1930 年，该专利转让给挪威 Norsk Hydro 公司并于 1938 年开始出售硝酸磷肥产品。这是冷冻法硝酸磷肥最早的工业实践。与此同时，1937 年，瑞士的 Lonza 公司提出用 70%硝酸分解磷矿粉制造硝基过磷酸钙的方法，产品含 8%N、16% P$_2$O$_5$。产品中因含有硝酸钙水合物而具有极强的吸湿性，加上产品总养分含量低、生产中二氧化氮逸出严重等问题而没有推广应用。1942～1945 年间，Norsk Hydro 公司的硝酸磷肥生产由于战争使原料中断而停产，战后恢复生产。1950 年时，冷冻法硝酸磷肥的产量为 4 万吨/年。1950 年左右，德国的 BASF 公司、荷兰的 Dutch State Mines 以及法国的一些化工厂都相继开发了自己的冷冻法和混酸法硝酸磷肥技术。因多数公司的技术基础都涉及冷冻除钙的 Odda 工艺，因此，冷冻法硝酸磷肥工艺被肥料界统称为 Odda 法。及至 1945 年起硝酸磷肥生产发展较快，主要集中在欧洲。1973 年世界总生产能力（以 P$_2$O$_5$ 计）达 3.46Mt。

硝酸磷肥生产的主要特点是硝酸既用于分解磷矿，本身又成为产品中氮素的来源之一，经济上比较合理，在硫资源短缺的国家或地区，生产这类肥料尤为适宜。

硝酸磷肥的生产方法很多，其中最简单的是硝基过磷酸钙法，瑞士曾多年采用此法。它与过磷酸钙生产工艺相似，用浓度为 65%～70% 的硝酸在混合器中分解磷矿粉，产品约含 N 8%、P_2O_5 16%。此法优点是工艺较简单，缺点是二氧化氮大量逸出，污染环境，产品吸湿性严重。

多数硝酸磷肥生产首先均以浓度为 50%～60% 硝酸分解磷矿，生成主要含磷酸和硝酸钙的溶液。反应式为：

$$Ca_{10}F_2(PO_4)_6 + 20HNO_3 == 6H_3PO_4 + 10Ca(NO_3)_2 + 2HF\uparrow$$

或 $Ca_5F(PO_4)_3 + 10HNO_3 == 3H_3PO_4 + 5Ca(NO_3)_2 + HF\uparrow$

采用不同的方法加工处理这种溶液，就形成不同的硝酸磷肥生产工艺，差别只在于用不同的方法除去溶液中的钙。分离钙以后溶液的后加工步骤基本相似，主要是溶液用氨中和，再进行蒸发、造粒、干燥和筛分即得成品。

1. 硝酸钙结晶法

硝酸钙结晶法又称冷冻结晶硝酸钙法。

除钙方法：将磷矿的硝酸分解液冷却到 10～-5℃，60%～85% 的 $Ca(NO_3)_2 \cdot 4H_2O$ 以结晶形式析出。

分离后的母液用氨中和。反应式为：

$$6H_3PO_4 + 4Ca(NO_3)_2 + 2HF + 11NH_3 ==$$
$$3CaHPO_4 + 3NH_4H_2PO_4 + 8NH_4NO_3 + CaF_2$$

中和料浆经蒸发、造粒、干燥和筛分即得硝酸磷肥产品。分离出来的四水硝酸钙添加硝酸铵后，可进一步加工成硝酸铵钙肥料，其组成是 $5Ca(NO_3)_2 \cdot NH_4NO_3 \cdot 10H_2O$，含 N 15.5%。也可以与碳酸铵溶液进行复分解反应并加工成硝酸铵返回生产系统，以调节硝酸磷肥产品中的氮磷比例或进一步加工，作为商品氮肥。这种硝酸磷肥生产工艺应用广泛，典型产品规格（以 N%-P_2O_5%-K_2O% 表示）有 26-13-0、20-20-0。如在生产过程中添加氯化钾调理剂，则成为氮磷钾三元复合肥，典型产品规格（N%-P_2O_5%-K_2O%）有 15-15-15、13-13-20。

2. 硫酸盐法

除钙方法：在磷矿的硝酸分解液中添加可溶性硫酸盐（硫酸铵、硫酸钾），沉淀出硫酸钙，进行分离（有时也可不分离）。

母液或料浆按上述后加工常规方法加工成硝酸磷肥产品。

① 以硫酸铵为沉淀剂时，沉淀出来的硫酸钙可以再加工成硫酸铵返回生产系统，称其为硫酸铵循环法硝酸磷肥工艺。

② 以硫酸钾为沉淀剂时，产品是三元复合肥料，而且不含氯离子，适用于忌氯作物施肥。

3. 硝酸-磷酸混酸法

在磷矿的硝酸分解液中添加磷酸，以降低溶液中氧化钙与五氧化二磷的比例。

母液按常规方法加工成产品。此法较简单，产品氮磷比可在较大范围内调节，但生产中需有磷酸来源。

4. 碳化法

磷矿的硝酸分解液先氨化中和至 pH 值为 3.5～4.0，然后在 pH 值为 7.5～8.0 条件下通入氨和二氧化碳，生成含有磷酸氢钙、硝酸铵和碳酸钙的料浆。母液再按常规方法加工成产品。典型产品规格（以 $N\%$-$P_2O_5\%$-$K_2O\%$ 表示）是 16-14-0。此法简单，生产费用低，但产品中的磷酸盐不溶于水，只溶于枸橼酸铵溶液，颗粒产品肥效差。

项目二　硝酸磷肥生产的基本原理

学习目标

1. 知识目标：学会硝酸分解磷矿过程中的化学反应；
2. 能力目标：学会萃取液化学加工过程中的化学反应；
3. 情感目标：学会硝酸磷肥生产的基本原理，培养与人合作的岗位工作能力。

项目任务

1. 硝酸分解磷矿过程中的化学反应；
2. 萃取液化学加工过程中的化学反应。

项目描述

该项目阐述了硝酸分解磷矿过程中的化学反应；重点描述了萃取液化学加工过程中的化学反应。

项目分析

萃取液化学加工过程中的化学反应是学习重点。

知识平台

1. 常规教室；
2. 实训工厂。

项目实施

任务　识读硝酸磷肥生产的基本原理

硝酸磷肥是用硝酸分解磷矿粉制得磷酸和硝酸钙溶液，然后通入氨中和磷酸，并分离硝酸钙而制成。生产硝酸磷肥可以不用硫酸，常在硫资源缺乏的国家采用。同时，硝酸具有双重作用：一是把磷矿转化成可为植物利用的形式，二是在肥料中提供氮素营养。硝酸磷肥的生产工艺中因除钙方法的不同，工艺和产品有所差别，但其产品成分都比较复杂，有硝酸铵、硝酸钙、磷酸一铵、磷酸二铵、磷酸一钙和磷酸二钙，即其中既有硝态氮，又有铵态氮，既有水溶磷，又有枸溶磷。产品的氮磷（N% : P_2O_5%）比有 1 : 1（20 : 20）的和 2 : 1（26 : 13）两大类。因氮素中有一半左右是硝态氮，故适用于生长期短的喜硝态氮的作物，如蔬菜、烟草等，但一般认为在水稻上不太适宜。而磷的水溶率高低也很重要，根据试验，粒状的硝酸磷肥要求有效磷中水溶磷占 50% 以上，否则在缺磷土壤上会影响作物生长。在生产过程中提取的硝酸钙，虽然含氮量不高，又易吸潮，但其中的水溶性钙是补充作物所缺钙的一种很好肥料，属于中量营养元素肥料。不论是磷酸铵还是硝酸磷肥，都是氮、磷两元的复合肥料。在其生产过程中加入钾肥（一般为氯化钾或硫酸钾），即成为三元复混肥料。这类复混肥料，一般养分含量比较均匀，颗粒的抗压强度较大，在运输过程中不易破碎，在储存中也不易结块。

1. 硝酸分解磷矿过程中的化学反应

硝酸与磷矿中所含的氟磷酸钙反应可得到含有磷酸和硝酸钙的萃取液，其反应原理如下：

$$Ca_5F(PO_4)_3 + 10HNO_3 \Longrightarrow 3H_3PO_4 + 5Ca(NO_3)_2 + HF\uparrow \qquad (3-1)$$

磷矿中共生的矿物杂质以及在开采中混入的其他矿物，如方解石（$CaCO_3$）、白云石（$CaCO_3 \cdot MgCO_3$）等亦能被硝酸分解，这不但增加了硝酸的消耗，而且还对萃取液的除钙造成困难，所以一般在硝酸处理之前，应将磷矿在 800～900℃ 的温度下予以焙烧，以清除杂质。

2. 萃取液化学加工过程中的化学反应

硝酸分解磷矿的生成物都是具有较大溶解度的可溶性物质，如果直接通入气氨中和萃取液可能会发生下列反应：

（1）氨中和反应

$$3H_3PO_4 + 5Ca(NO_3)_2 + 7NH_3 + HF \Longrightarrow$$

$$3CaHPO_4\downarrow + \frac{1}{2}CaF_2\downarrow + \frac{3}{2}Ca(NO_3)_2 + 7NH_4NO_3 \qquad (3-2)$$

或

$$3H_3PO_4 + 5Ca(NO_3)_2 + 6NH_3 \Longrightarrow 3CaHPO_4 + 6NH_4NO_3 + 2Ca(NO_3)_2$$

$$(3-3)$$

上述两过程并不能顺利进行和实现，主要是反应不易控制，因为此反应 pH 值不能超过 2.5～3.0，否则，将生成氟磷酸钙引起沉淀磷酸钙枸溶率降低，其化学反应为：

$$5Ca(NO_3)_2 + 3H_3PO_4 + HF + 10NH_3 \Longrightarrow Ca_5F(PO_4)_3 + 10NH_4NO_3 \qquad (3-4)$$

这就对硝酸磷肥生产控制造成一定困难。用氨中和萃取液加工制成的产品中，尚含有一部分多余的硝酸钙，而硝酸钙的存在会使产品容易吸湿和结块，因此，在硝酸分解磷矿生产氮磷复合肥料的若干种不同流程中，都设法在中和以前调整萃取液的组成。

（2）碳化反应

$$\frac{3}{2}Ca(NO_3)_2 + 7NH_4NO_3 + \frac{3}{2}(NH_4)_2CO_3 \xrightarrow{\hspace{1cm}} 10NH_4NO_3 + \frac{3}{2}CaCO_3$$

或　$Ca(NO_3)_2 + 3NH_4NO_3 + 2NH_3 + CO_2 + H_2O \xrightarrow{\hspace{1cm}} CaCO_3 + 5NH_4NO_3$

在萃取液的中和反应过程中，为了防止产品中枸溶性磷转化为不溶性磷，常添加一定量镁盐、锰盐、铝盐或其他矿物盐类做稳定剂，再用氨中和至 pH 值为 8～9。

碳化法产品因含有效成分低，几乎不含速溶的水溶性 P_2O_5，反应中都变成枸溶性 P_2O_5，所以现在很少采用此法。

项目三　硝酸磷肥生产过程中的工艺条件

学习目标

1. 知识目标：学会硝酸分解磷矿及萃取液加工过程中工艺条件的选择过程；
2. 能力目标：学会硝酸磷肥生产过程中的工艺条件的选择过程；
3. 情感目标：学会硝酸磷肥生产过程中的工艺条件的选择结果，培养与人合作的岗位工作能力。

项目任务

1. 硝酸分解磷矿过程中工艺条件的选择；
2. 萃取液加工过程中工艺条件的选择。

项目描述

该项目阐述了硝酸分解磷矿过程中工艺条件的选择；重点介绍了萃取液加工过程中工艺条件的选择。

项目分析

萃取液加工过程中工艺条件的选择是学习重点。

知识平台

1. 常规教室；
2. 实训工厂。

🔖 项目实施

任务一   识读硝酸分解磷矿过程中工艺条件的选择

硝酸分解磷矿的工艺条件即影响硝酸分解磷矿的因素很多，主要是反应温度、硝酸用量、硝酸浓度、反应时间、搅拌强度、磷矿粒度等。

（1）反应温度   硝酸分解磷矿的温度是靠反应放出的热量来维持的，如果硝酸温度约 30℃，则基本上可以保证分解反应在 50～55℃进行，分解反应温度过低（小于 40℃），分解速率缓慢，分解反应温度较高，溶液黏度减小，有利于离子的扩散，使分解速率加快，但温度超过 60℃，将加剧对设备的腐蚀并增大氮的损失。

（2）硝酸用量   硝酸分解磷矿的理论用量，通常以磷矿中所含氧化钙的含量为计算基准，但当磷矿中碳酸镁含量较高时，要同时按氧化钙和氧化镁的总含量来计算硝酸的用量，由于磷矿中还含有倍半氧化物和有机杂质等，故实际硝酸用量约为理论硝酸用量的 102％～105％。

（3）硝酸浓度   为了加快分解反应的速率和尽量减少以后萃取液浓缩时的蒸发水量，一般采用 50％或更高一些的硝酸浓度。在冷冻法中，由于硝酸浓度对硝酸钙的结晶影响较大，一般采用的硝酸浓度为 56％～57％。

（4）分解时间   分解时间与硝酸浓度、硝酸用量、搅拌强度、磷矿粒度及反应温度有关。即分解时间随硝酸浓度或用量增加、搅拌强度加大和磷矿粒度的减少而缩短，而以磷矿粒度影响最大，一般在两个以上分解槽中连续分解磷矿时，总停留时间需 1～1.5h。

（5）搅拌强度   搅拌强度应当使矿、酸能够充分混合，同时酸不溶物应当能与萃取液一起溢流出分解槽为选定条件的标准。从加快扩散速率的角度看，由于反应物都能溶于液相，故可不必选用太大的搅拌强度，但因在磷矿中含有少量碳酸盐和有机杂质，在酸分解过程中将生成气体并形成泡沫，故实际生产中往往需要较强烈的搅拌。

（6）磷矿粒度   硝酸分解磷矿系液-固多相反应，其反应速率在较大程度上取决于两相接触表面积的大小。磷矿粒度越小，与酸接触的表面积越大，分解速率也就越快，但由于硝酸分解能力强，而反应过程中生成的产物均为可溶性盐类，不会产生固体膜包裹磷矿颗粒，因此磷矿粒度可以稍大一些，同时磷矿粒度粗大一些还有利于酸解后分离清除酸不溶物杂质，一般要求磷矿能全部通过 40 目的粒度即可。

任务二   识读萃取液加工过程中工艺条件的选择

萃取液的加工是指用氨中和其所含的磷酸使其成为接近中性的氮磷复合肥料。在中和过程中，磷酸盐的溶解度也随之降低并析出结晶，大部分硝酸转变为硝酸铵并存在于料浆之中。由硝酸分解磷矿的反应式可看出，反应产物是 3mol 磷酸和 5mol 硝酸钙，因此在硝酸萃取液中 CaO/P_2O_5 的摩尔比为 3.33∶1，若所得的产品全部为水溶性磷酸一钙，其 CaO/P_2O_5 比应为 $1:1$。在萃取液中钙离子多于磷酸根离子，若不采用措施调节钙磷比例，则氨中和后很难得到水溶性的磷酸盐，如果要制取含有部分水溶性磷酸盐的复合肥料，应将萃取液中的钙磷比降到 2 以下，一般将萃取液中的 CaO 除去 70％～80％，便可制得约含 50％水溶性磷酸盐的复合肥料。

1. 冷冻温度的控制

萃取液加工的工艺条件取决于除钙方法。冷冻法除钙主要是冷冻温度的控制，而冷冻温度应根据产品中水溶性磷酸盐含量来确定，当生产 80％的水溶性磷酸盐时，其萃取液应冷却到 -5～-10℃以除去四水硝酸钙结晶。

2. 除钙后的母液用气氨分两次中和 pH 值及温度的控制

除钙后的母液用气氨分两次中和，一次中和到 pH＝3 左右，温度控制在 110℃，二次中和到 pH＝6 左右，温度控制在 120℃。中和料浆完成后，再去蒸发和造粒可得到硝酸磷肥产品。

项目四　硝酸磷肥的生产方法

学习目标

1. 知识目标：学会碳化法、混酸法；
2. 能力目标：学会硫酸盐法、冷冻法；
3. 情感目标：学会间接冷冻法，培养与人合作的岗位工作能力。

项目任务

1. 碳化法；
2. 混酸法；
3. 硫酸盐法；
4. 冷冻法。

项目描述

该项目介绍了碳化法、混酸法、硫酸盐法、冷冻法生产硝酸磷肥的工艺；重点阐述了间接冷冻法工艺。

项目分析

间接冷冻法工艺是学习重点。

知识平台

1. 常规教室；

2. 实训工厂。

项目实施

任务　识读硝酸磷肥的生产方法

硝酸磷肥的生产方法较多，其主要差异在于萃取液的除钙方法不同，可概括为四大类，即碳化法、混酸法、硫酸盐法和冷冻法。

1. 碳化法

碳化法是用氨和二氧化碳或碳酸铵除去多余的硝酸钙，是硝酸分解磷矿制取磷酸氢钙和硝酸铵的方法，碳化过程的主要化学反应如下：

$$6H_3PO_4 + 10Ca(NO_3)_2 + 2HF + 20NH_3 + 3CO_2 + 3H_2O =\!\!=$$
$$6CaHPO_4 + 20NH_4NO_3 + CaF_2 + 3CaCO_3 \quad (3-5)$$

在萃取液的中和反应过程中，为防止产品磷的退化，常添加一定量镁盐、锰盐、铝盐等作稳定剂，再用氨中和至 pH＝8～9。碳化法所得产品含有效成分偏低，现在很少采用。

2. 混酸法

混酸法包括硝酸-硫酸法和硝酸-磷酸法。

(1) 硝酸-硫酸法　硝酸-硫酸法采用硫酸固定多余的硝酸钙，并以硝酸代替部分硫酸生产含有水溶性的磷酸一铵和枸溶性的磷酸氢钙的混合肥料，其反应原理为：

$$Ca_5F(PO_4)_3 + 6HNO_3 + 2H_2SO_4 =\!\!= 3H_3PO_4 + 3Ca(NO_3)_2 + 2CaSO_4\downarrow + HF\uparrow$$
$$(3-6)$$

$$6H_3PO_4 + 6Ca(NO_3)_2 + 4CaSO_4\downarrow + 2HF + 13NH_3 =\!\!=$$
$$12NH_4NO_3 + 5CaHPO_4 + NH_4H_2PO_4 + 4CaSO_4\downarrow + CaF_2 \quad (3-7)$$

由于产品中含有无效的硫酸钙，硫酸钙的存在使总的有效组分含量降低，这一方法实际生产中应用较少。

(2) 硝酸-磷酸法　硝酸-磷酸法是用磷酸来固定多余的硝酸钙，其反应原理为：

$$Ca_5F(PO_4)_3 + 10HNO_3 + 4H_3PO_4 =\!\!= 5Ca(NO_3)_2 + 7H_3PO_4 + HF\uparrow \quad (3-8)$$

或

$$Ca_{10}F_2(PO_4)_6 + 20HNO_3 + 4H_3PO_4 =\!\!= 10Ca(NO_3)_2 + 10H_3PO_4 + 2HF\uparrow$$
$$(3-8a)$$

$$5Ca(NO_3)_2 + 7H_3PO_4 + 12NH_3 =\!\!= 10NH_4NO_3 + 5CaHPO_4 + 2NH_4H_2PO_4$$
$$(3-9)$$

或　$$10Ca(NO_3)_2 + 10H_3PO_4 + 2HF + 21NH_3 =\!\!=$$
$$CaF_2 + 20NH_4NO_3 + 9CaHPO_4 + NH_4H_2PO_4 \quad (3-9a)$$

此法所得产品有效组分含量较高，但需要大量的磷酸，在推广上受到一定的限制。

3. 硫酸盐法

硫酸盐法即在萃取液中先加入硫酸铵、硫酸钠或硫酸钾盐，使 SO_4^{2-} 与大部分 Ca^{2+} 结合为难溶性 $CaSO_4$ 从溶液中析出，然后再进行氨化，也可将硫酸钙分离后的母液进行氨化而制得含有部分或全部水溶性 P_2O_5 的复合肥料。常用的硫酸盐为 $(NH_4)_2SO_4$ 或 K_2SO_4。

4. 冷冻法

它是将萃取液冷冻至较低的温度，使溶液中的硝酸钙以四水硝酸钙的形式析出结晶，分离结晶后的母液再用氨中和，料浆经浓缩，造粒制得含有硝酸铵、磷酸一钙和磷酸铵的粒状产品，也可在造粒前加入钾盐制得氮、磷、钾的三元复合肥料。冷冻法分离硝酸钙系目前各种方法生产硝酸磷肥最为普遍的比较优越的方法，它又分为直接冷冻法和间接冷冻法。

(1) 直接冷冻法　它是利用氨冷后的冷冻剂（如汽油、煤油等）与萃取液直接接触，以达到四水硝酸钙冷却结晶的目的，从而获得高水溶率的产品。

(2) 间接冷冻法　它是利用冷冻剂通过盘管壁进行热交换，使萃取液中的硝酸钙析出结晶，分离硝酸钙后的溶液再用氨中和制得硝酸磷肥产品。

间接冷冻法与直接冷冻法除了冷冻结晶四水硝酸钙部分不同外，其余工艺流程相同，究竟何种为好，除主要决定于磷矿原料的品位高低外，还应从技术上的先进性、经济上的合理性等层面综合考虑，目前国内外普遍采用的是间接冷冻法。

项目五　间接冷冻法生产硝酸磷肥的工艺流程

 学习目标

1. 知识目标：学会硝酸分解磷矿流程图的解读；
2. 能力目标：学会间接冷冻法加工硝酸萃取液制硝酸磷肥工艺流程图的解读；
3. 情感目标：学会间接冷冻法生产硝酸磷肥的工艺流程，培养与人合作的岗位工作能力。

项目任务

1. 硝酸分解磷矿流程图的解读；
2. 间接冷冻法加工硝酸萃取液制硝酸磷肥工艺流程图的解读。

项目描述

该项目阐述了硝酸分解磷矿的流程；重点介绍了间接冷冻法加工硝酸萃取液制硝酸磷肥的工艺流程。

项目分析

间接冷冻法加工硝酸萃取液制硝酸磷肥工艺流程图的解读是学习重点。

知识平台

1. 常规教室；
2. 实训工厂。

项目实施

任务 解读间接冷冻法生产硝酸磷肥的工艺流程

间接冷冻法制取硝酸磷肥及氮、磷、钾复合肥料的生产流程大体可分为四个步骤：

① 硝酸分解磷矿制得含有磷酸和硝酸钙的萃取液；

② 萃取液中的硝酸钙的清除；

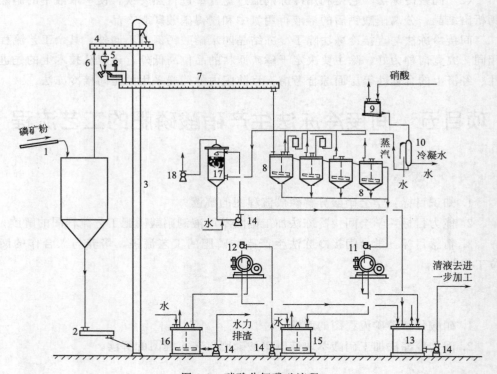

图 3-1 硝酸分解磷矿流程

1—矿粉运输机；2—螺旋加料器；3—斗式提升机；4,7—螺旋运输机；5—料斗；6—带式计量给料器；8—硝酸分解槽；9—硝酸高位槽；10—硝酸冷却器；11——级离心机；12—二级离心机；13—澄清液储槽；14—离心泵；15—残渣罐；16—水力排渣罐；17—洗涤器；18—排风机

③ 母液的氨中和、蒸发、造粒制得硝酸磷肥或氮、磷、钾复合肥料；

④ 硝酸钙转化制取硝酸铵。

1. 硝酸分解磷矿的工艺流程

如图 3-1 所示，硝酸由硝酸高位槽 9 进入硝酸冷却器 10，用水冷却后经计量连续加入硝酸分解槽 8，磷矿粉经矿粉运输机和计量后加入硝酸分解槽 8，在此硝酸与磷矿进行分解反应。硝酸分解槽通常为 2~5 个，内设搅拌器，反应时间 2~2.5h，硝酸萃取液沿着溢流管由一个分解槽流入另一个分解槽，各个分解槽高度保持一定的阶梯状。从分解槽出来的含氟气体借助排风机 18 抽入洗涤器 17 内，经洗涤后排放。反应结束后，在硝酸萃取液中的酸不溶物用离心机 11 分离，残渣加水冲洗后再进入二级离心机分离后排放，离心机分离后的酸性溶液去澄清液储槽 13，用泵打到冷冻工序除钙后进一步加工成硝酸磷肥成品。

2. 间接冷冻法加工硝酸萃取液制取氮、磷、钾复合肥料的生产流程

如图 3-2 所示，萃取液由溶液储槽 1 用泵 2 打入水冷却器 3、4 初步冷却后，进入并联逆流冷冻结晶槽组 5，与冷冻盐水逆流换热被冷却至 −5~−10℃，使硝酸钙析出结晶，晶体悬浮液经离心机 6 分离，硝酸钙结晶用冷硝酸洗涤以减少结晶带走的 P_2O_5 损失，洗涤液流入储槽 10 用泵送去分解磷矿，硝酸钙结晶加热溶解后送去进一步加工为硝酸铵。分离硝酸钙后的磷酸溶液流入母液储槽 12 用泵打入

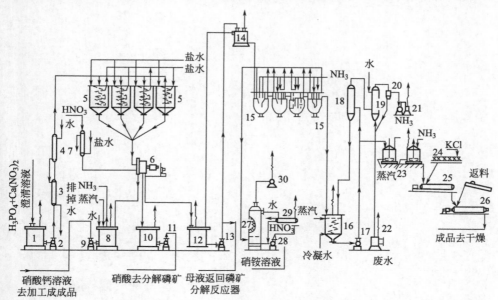

图 3-2　间接冷冻法加工硝酸萃取液制硝酸磷肥工艺流程图

1—硝酸萃取液储槽；2,9,11,13,17,28—离心泵；3,4—水冷却器；5—冷冻结晶槽；6—离心机；
7—冷却硝酸用冰盐水冷却器；8—硝酸钙储槽；10—洗涤结晶后的硝酸储槽；12—母液储槽；
14—高位槽；15——段中和器；16—预热器；18—蒸发器；19—气压冷凝器；20—泡沫捕集
器；21—真空泵；22—气压冷凝器水封槽；23—二段中和器；24—氯化钾螺旋加料器；
25—螺旋混合器；26—双轴造粒机；27—洗涤器；29—冷却器；30—鼓风机

阶梯状排列中和器 15 加气氨进行中和，物料在此停留 2～2.5h，按产品不同的要求控制一定的氨化度，中和后的料浆经蒸发浓缩、造粒，即可制得硝酸磷肥成品。如要生产氮、磷、钾三元复合肥料，可在造粒时加入一定数量的可溶性钾盐。

固体复合肥料的生产除磷酸铵和硝酸磷肥外，还有偏磷酸钾、偏磷酸铵、磷酸二氢钾、硫磷酸铵等，但使用最多的还是磷酸铵和硝酸磷肥。

想一想练一练

1. 简述硝酸磷肥生产的反应原理。
2. 简述硝酸磷肥生产的工艺条件。
3. 简述硝酸磷肥生产的工艺流程。
4. 简述硝酸磷肥生产的主要设备的结构及工作原理。

参 考 文 献

[1] 张世明. 化学肥料. 北京：化学工业出版社，1998.
[2] 池永庆. 尿素生产技术. 北京：化学工业出版社，2011.
[3] 张小平. 尿素生产工艺条件选择的理论探讨. 大氮肥，1994，(3).
[4] 王君等. 尿素生产工艺简介. 中氮肥，2001，(3).
[5] 张世明主编. 化学肥料. 北京：化学工业出版社，1998.
[6] 唐文骞. 国外尿素生产技术概况及进展. 小氮肥设计技术，2000，21 (3).
[7] 丁振亭. 大颗粒尿素的生产工艺. 小氮肥，1999，(7).